Ihr Hobby

Spiel und Spaß mit Ratten

Christine Wilde

bede bei Ulmer

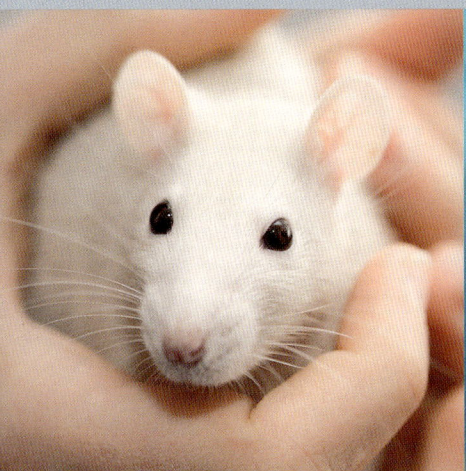

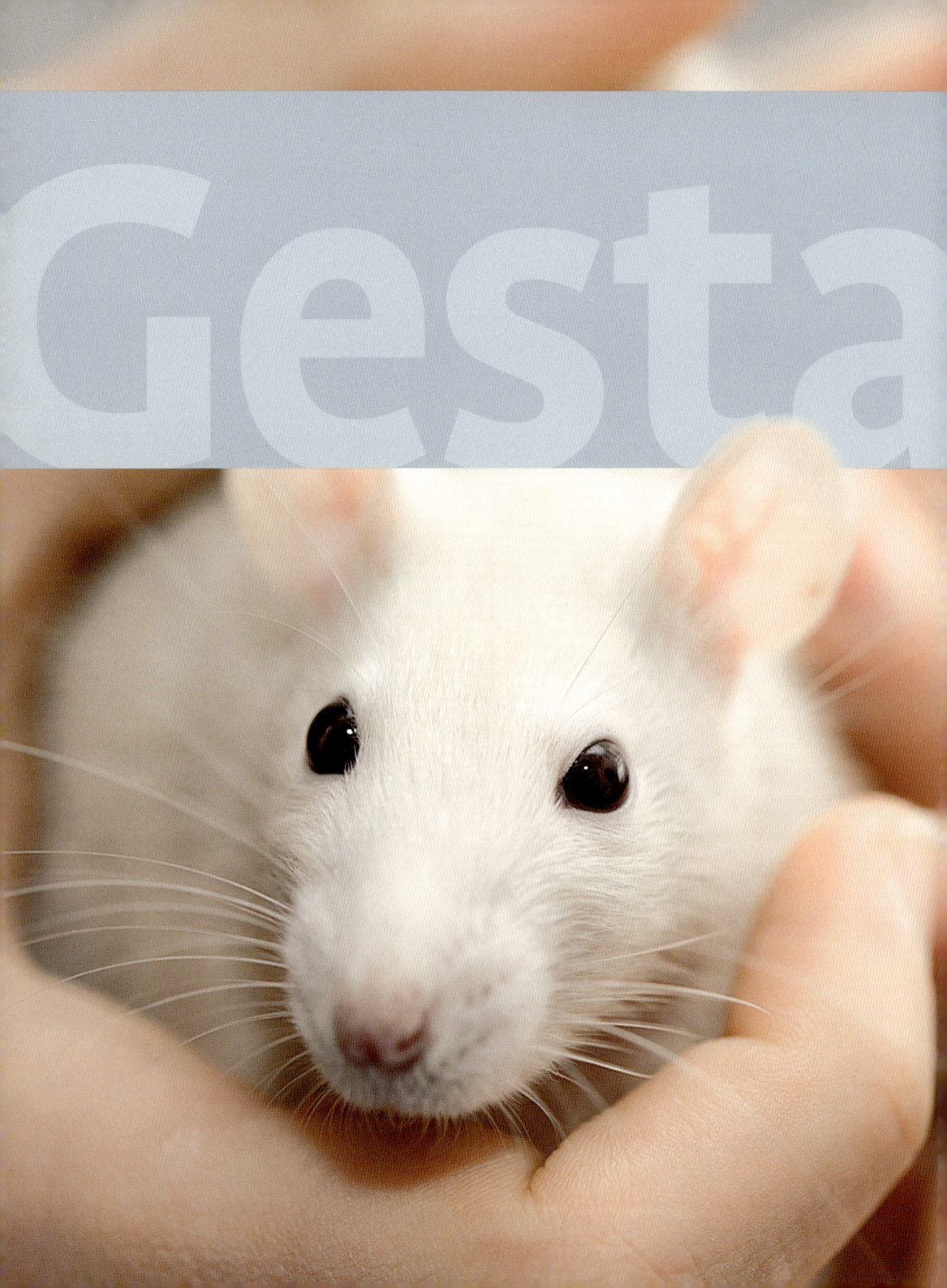

Gesta

Gestatten: Ratten

Ratten haben viele erstaunliche Fähigkeiten und ein ausgeprägtes Sozialverhalten. Außerdem sind sie außerordentlich clever, verspielt, neugierig und anhänglich.

Die kleinen Nager sind talentierte Kletterkünstler und mit ihren vorwitzigen Nasen und flinken Pfoten begeisterte Forscher und Entdecker, die ein spannendes Familienleben pflegen. Wenn Sie Ratten als Heimtiere halten, werden Sie bald feststellen, dass die quirligen Gesellen viel besser sind als ihr Ruf: Als Heimtiere liefern sie viel Action, Zuneigung – und jede Menge Überraschungen frei Haus.

Vom Labor ins Wohnzimmer

Bis Ratten zu beliebten Heimtieren wurden, mussten sie allerdings einiges über sich ergehen lassen: Ursprünglich wurden wild lebende Wanderratten als Versuchstiere für Forschungslabore eingefangen und domestiziert. Da diese außergewöhnlich intelligent sind und ihr Gehirn dem des Menschen ähnelt, werden sie auch heute noch unter anderem in der Verhaltensforschung eingesetzt. Es waren vermutlich in den Laboratorien arbeitende Studenten, die erstmals das Potenzial der Nager als Heimtiere erkannten.

So richtig bekannt wurden die Tiere in den 1970er-Jahren als Accessoires von Punks, die oft eine Ratte auf der Schulter sitzen hatten, um das bürgerliche Umfeld zu schockieren. Doch die Wanderratte, die sich von Ostasien aus im Schlepptau des Menschen fast auf der ganzen Welt verbreitet hat, setzte auch als domestizierte Farbratte ihren Erfolgszug fort und ist spätestens seit den 1980er-Jahren als Heimtier sehr beliebt.

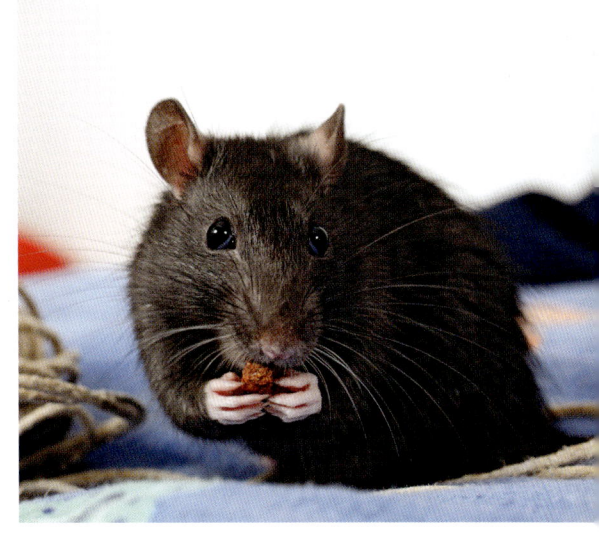

◄ **Vertrauensvoll und neugierig** schaut diese Farbratte in die Welt.

Kunterbunt

Es gibt Ratten in unzähligen Farben und Zeichnungen: Von einfarbigen in Graubraun (Agouti) über Grau und Creme oder Weiß bis hin zu gefleckten Ratten mit dunklen oder hellen Augen ist für jeden Geschmack etwas dabei. Bei der Zucht sollte immer das Wohl der Tiere im Vordergrund stehen. Dies ist bei manchen Züchtungen jedoch fragwürdig. Beispielsweise haben Rexratten ein gekräuseltes Fell. Die Tasthaare sind ebenfalls gekräuselt und können ihre Funktion nicht mehr erfüllen. Dumboratten mit ihren großen und seitlich liegenden Ohren und dem runden Kopf haben einen deformierten Schädel. Bis hin zu Nacktratten oder schwanzlosen Ratten wird den Tieren vieles angetan.

GERÜCHTEKÜCHE

▸ Ratten sind nicht direkte Überträger der Pesterkrankung. Die Pest wird zwar vom Rattenfloh übertragen, aber auch von Mensch zu Mensch und durch andere Haus- und Wildtiere.

▸ Ratten sind eher ängstliche Fluchttiere und keine angriffslustigen Monster, die, wie in alten Mythen beschrieben, kleine Kinder annagen.

▸ Der Schwanz der Ratte ist nicht nackt und kalt. Er ist mit kleinen borstigen Haaren bedeckt und fühlt sich warm und weich an.

▸ Ratten sind nicht schmutzig, sie sind sogar besonders sauber und betreiben intensive Fellpflege.

Erstaunliche Fakten und Fähigkeiten

Die normale Farbratte erreicht eine durchschnittliche **Größe** von etwa 22–26 cm. Der Schwanz wird bis zu 22 cm lang und ist damit etwa so lang wie der Körper. Weibchen wiegen 200–400 g, Böcke können größer werden und erreichen ein **Gewicht** von bis zu 500 g. Genau wie bei uns Menschen gibt es auch bei den Ratten Moppelchen und Models und so sind manche leichter oder schwerer.

An den Hinterpfoten haben die Nager je fünf **Zehen**. An den Vorderpfoten haben sie je vier Zehen und eine nur ansatzweise vorhandene fünfte Zehe. Damit halten sie nicht nur ihr Futter fest, sie können auch geschickt Vorratsdosen öffnen und allerhand weiteren Unfug anstellen.

Ihr hoch entwickelter **Gleichgewichtssinn** und ihre **Anatomie** machen Ratten zu hervorragenden Kletterern. Ihr Schwanz ist eine zusätzliche Stütze und hilft ihnen beim Ausbalancieren.

Bei der Orientierung im Dunklen helfen nicht nur ihre **Tasthaare**, sondern auch die lichtempfindlichen **Augen**, die in der Dämmerung noch eine gute Sicht erlauben. Allerdings

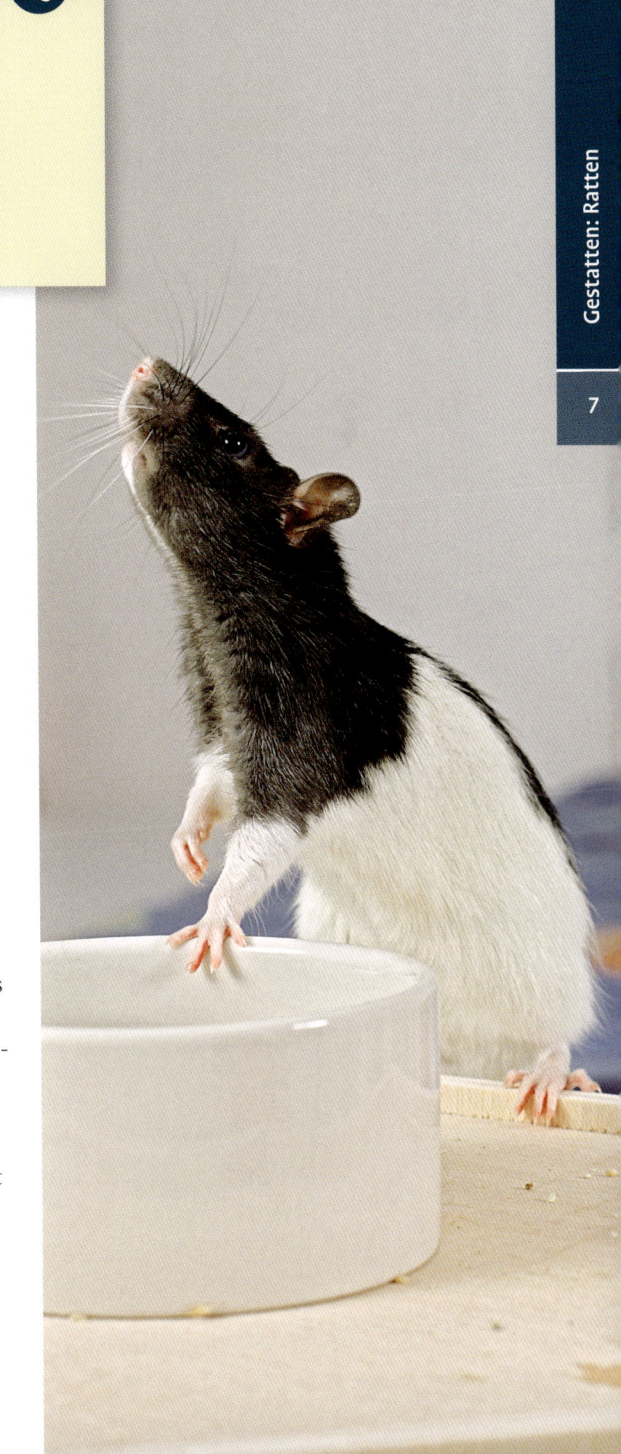

BIOLOGIE

▶ Ordnung: Nagetiere (*Rodentia*)

▶ Unterordnung: Mäuseverwandte (*Myomorpha*)

▶ Gattung: Eigentliche Ratten (*Rattus*)

▶ Art: Wanderratte (*Rattus norvegicus*)

haben Ratten eine eingeschränkte Farbwahrnehmung. Sie besitzen im Auge nur die Farbrezeptoren für das Erkennen von Blau und Gelb, jedoch keine für Rot. Dafür haben sie vermutlich die Fähigkeit, Ultraviolett wahrzunehmen, was wir Menschen nicht können. Ihre seitlich liegenden Augen bieten einen guten Rundumblick, das geht jedoch zulasten der räumlichen Wahrnehmung.

Die pelzige **Nase** der Ratte ist mit vielen Riechzellen ausgestattet und kann Gerüche differenziert und schnell wahrnehmen. Mit ihrem außerordentlichen Riechorgan finden Ratten ihren Weg und können Freunde, Fremde und Futter am Geruch erkennen.

Erstaunlich ist auch das **Gehör** der Ratten. So nehmen sie Töne in Frequenzbereichen wahr, die uns Menschen verborgen bleiben.

Die **Nagezähne** der Ratten machen ihrem Namen alle Ehre und können sogar Beton zerlegen. Diese Zähnchen sind übrigens gelb bis orange, was nicht etwa auf mangelnde Zahnhygiene hinweist, sondern auf einen stark mineralhaltigen Zahnschmelz.

Die drei Grundbedürfnisse

Ratten haben drei Grundbedürfnisse, die erfüllt werden müssen, damit sie sich richtig wohlfühlen: Sie brauchen **Rattenfreunde**, damit sie nicht einsam sind. **Gutes Futter** ist wichtig, damit sie gesund bleiben. Und als Mittel gegen Langeweile benötigen sie viel **Bewegung und Anregung** (Tipps hierzu ab Seite 63).

Gesunde Ernährung

Ratten fressen angeblich alles. Das trifft allerdings nur zu, wenn sie keine andere Wahl haben und alles Verwertbare nutzen müssen, um zu überleben. Selbst die wilden Verwandten bevorzugen eine Kost, die überwiegend aus Getreidekörnern, Ähren, Grünfutter und wenig tierischer Nahrung besteht. Geben Sie Ihren Ratten eine Futterauswahl, die auch die Sinne anregt, Genussmittel ist, verwöhnt und beschäftigt. Ein abwechslungsreicher und gesunder Speiseplan ist ein Grundpfeiler der artgerechten Rattenhaltung.

Grundnahrung

Als Grundfutter dient eine Mischung aus Getreide und Saaten, Kernen und Nüssen, Trockengemüse und etwas Eiweiß. Der Fachhandel bietet bereits fertige Mischungen an. Eine gesunde Ratte benötigt etwa einen Esslöffel Trockenfutter am Tag.

GEKOCHTES ESSEN?

Gewürztes Essen ist tabu und das meiste Futter wird ungekocht angeboten. Gekochte Nudeln, Kartoffeln, Fleisch, Fisch oder etwas Reis werden allerdings hin und wieder gern genommen.

Gemüse

Hinzu kommen täglich mehrere Sorten Gemüse, diese bieten eine vitaminreiche Abwechslung auf dem Speiseplan. Folgendes Gemüse ist gesund für Ihre Ratten: Möhren, Gurken, Paprika, frischer Mais, Tomaten (ohne Grün), Kürbis, Sellerie und Zucchini. Sie können auch verschiedene Salatsorten verfüttern, aber immer nur in geringen Mengen, beispielsweise Feldsalat, Chicorée, Eisbergsalat, Endiviensalat, Mangold und Bio-Kopfsalat. Viele kleine Futterstückchen sorgen dafür, dass jedes Leckermäulchen auch etwas abbekommt.

Obst

Ratten naschen gern. Hin und wieder ein Stück Obst ist eine gesunde Alternative zu gekauften Leckerchen. Die Auswahl ist groß: Äpfel, Bananen, Weintrauben, Birnen, Kiwi und Melonen, Erdbeeren, Johannisbeeren, Heidelbeeren, Stachelbeeren, Himbeeren und Brombeeren werden Ihren Lieblingen schmecken.

KEIN ABFALL

Keime, Bakterien und Spritzmittel sind für Ratten genauso gefährlich wie für uns Menschen. Bieten Sie Gemüse und Obst deshalb immer sauber an: gewaschen und gegebenenfalls geschält. Küchenabfälle oder Grünfutter aus der Abfalltonne gehören nicht in den Rattenmagen!

Eiweißkost

Farbratten sind keine Vegetarier, sie benötigen hin und wieder tierisches Eiweiß, um ausreichend mit Nährstoffen versorgt zu sein. Lebende oder getrocknete Grillen, Heimchen, Mehlkäferlarven, Garnelen und Bachflohkrebse werden von Hand verfüttert oder mit einer Pinzette angereicht. Zuckerfreier Joghurt, Quark, Hüttenkäse und Tofu sind leckere, eiweißreiche Varianten.

Zweige

Damit die kleinen Nager ihre Zähne nicht an der Wohnungseinrichtung abschleifen, ist es sinnvoll, ihnen frische oder getrocknete Zweige und Blätter verschiedener Bäume und Sträucher anzubieten. Besonders gut geeignet sind Zweige von Apfelbäumen, Haselnussbüschen, Birnbäumen, Birken, Erlen sowie von Johannisbeer- und Heidelbeerbüschen. Vorsicht: Unverträglich oder sogar giftig sind Nadelhölzer, Thuja, Zypresse, Eibe, Kastanie und Eiche.

Kräutermix

Bunte Sommerwiesen und Kräutergärten bieten Ratten kulinarische Abwechslung in Hülle und Fülle. Frische Gräser, grüne Getreidehalme, Löwenzahn, Schafgarbe, Spitz- und Breitwegerich, Vogelmiere, Gänseblümchen, Ringelblumen, Sonnenblumen, Topinambur, Rosenblüten, Petersilie, Pfefferminze, Basilikum und noch vieles mehr runden das Grünfutterprogramm ab. Nicht alle Pflanzen von der Wiese können jedoch bedenkenlos verfüttert werden. Es gibt eine ganze Anzahl unverträglicher und sogar giftiger Pflanzen. Ebenso sind nicht alle Gemüse und Kräuter, die wir Menschen gern verzehren, für Ratten geeignet. Mehr Informationen zu giftigen Pflanzen bekommen Sie hier: www.giftpflanzen.ch

Leckerchen

Es macht einfach Spaß, die kleinen Schleckermäulchen mit Leckereien zu verwöhnen. Die kleinen Fellnasen können herzallerliebst schauen und betteln, da greift man schnell noch ein zweites Mal in die Leckerchendose. Selbst gemachtes, fettarmes Popcorn, Reiswaffeln, ungesalzene Cracker, Drops, Knabberstangen oder Nagerringe sollten aber nur in kleinen Mengen verfüttert werden, um Übergewicht und einem zu hohen Blutzuckerspiegel vorzubeugen. Um Spielsachen zu befüllen und Ratten zu zähmen, eignen sich vor allem Nüsse (Walnüsse, Haselnüsse, Pecannüsse, Macadamia) und Kerne von Pinien, Sonnenblumen und Kürbissen.

Artgenossen

Ratten sind echte Großfamilienfans. Wild lebende Ratten bilden riesige Kolonien und keine Ratte ist je allein. Auch als Heimtiere brauchen sie immer mehrere Artgenossen zum Kuscheln, zusammen Schlafen, gegenseitigen Putzen, Spielen, Raufen und einfach, um Action zu haben. Monogame Beziehungen sind nicht unbedingt rattenlike. Zwar ist ein Partner besser als keiner, aber erst ab vier Tieren ist immer jemand zu finden, der mit einem spielt.

Rangeln und Raufen

Ratten haben mitunter eine ruppige Umgangsart. Sie rangeln miteinander, rennen hintereinander her, stellen sich aufrecht gegenüber, hauen sich mit den Vorderpfoten, werfen sich gegenseitig auf den Rücken und fiepen dabei laut.

Liegt ein unterlegenes Tier auf dem Rücken, bietet es den Hals dar und wird dann zwangsgeputzt. Gar nicht immer unanständig, sondern Teil der Rangfindung auch bei gleichgeschlechtlichen Ratten, ist das gegenseitige Berammeln: Dabei steigt eine Ratte von hinten auf die andere Ratte auf.

TRAURIGE RATTEN

Einzelne Ratten führen ein trauriges Dasein. Sie sitzen einsam in ihrem Käfig und warten darauf, dass ihr Mensch sich ein paar Minuten Zeit nimmt, um mit ihnen zu spielen. Der Mensch ist für die Ratte ein interessantes Spielzeug und ein netter Futtergeber, aber er ist kein Ersatz für fehlende Artgenossen. Erst wenn mehrere Ratten zusammenleben, bilden sie eine harmonische Gruppe, in der immer was los ist – und erst dann ist die Haltung artgerecht.

▲ **Ein beliebtes Hobby:** *Mundraub!*

Kuscheln und Putzen

Gegenseitige Fellpflege ist Ratten sehr wichtig. Obwohl die Nager sehr gelenkig sind, gibt es einige Stellen im Fell, an die sie selbst nicht herankommen – dort säubern die Rattenkumpel Haut und Haar und entfernen auch gleich eventuell vorhandene Parasiten. Die gegenseitige Fellpflege dient aber nicht nur der Hygiene – sie wird auch sehr genossen, festigt den Zusammenhalt der Gruppenmitglieder, hilft beim Zusammenfinden nach Streitigkeiten und ist einfach ein fürsorglicher Akt.

Mindestens genauso wichtig ist das Kuscheln. Ratten verbringen einen großen Teil des Tages, indem sie schlafen, dösen, ausruhen und faulenzen. Damit das nicht zu langweilig wird und sie es schön kuschelig warm haben, liegen sie dabei am liebsten eng zusammen und sogar übereinander. Mitunter ist es gar nicht so leicht, herauszukriegen, wie viele Ratten da übereinander in einer Hängematte liegen oder sich zusammen in ein Haus gequetscht haben.

▲ **So geht's auch:** *Gemeinsam zu fressen stärkt den Zusammenhalt der Gruppe.*

Rattenfreunde finden

Ratten haben in der Gruppe eine strenge **Rangordnung** und jede Ratte kennt ihren Rang. Fremde Tiere werden nicht ohne Weiteres ins Kollektiv aufgenommen und nicht alle Ratten werden schnell die besten Freunde. Auch wenn es nicht ganz leicht ist, Ratten aneinander zu gewöhnen, sollte trotzdem keine Ratte alleine bleiben!

Optimal sind Gruppen mit mehreren Weibchen und mehreren kastrierten Böcken. Jungtiere sollten nicht vor der zehnten Lebenswoche in ein Rudel mit erwachsenen Ratten gebracht werden, da vor allem Böcke mitunter sehr aggressiv reagieren und die Kleinen dem nicht viel entgegenzusetzen haben. Sind die Ratten alle bis zu zehn Wochen alt, können sie meist problemlos im Auslauf oder Gehege zusammengesetzt werden.

Männliche Ratten sollten bei der Haltung von gemischten Gruppen immer kastriert werden, damit es keinen unerwünschten Nachwuchs gibt. Bei der **Kastration** werden die Hoden entfernt, in der Folge sinkt der Hormonspiegel und die Tiere werden manchmal auch ruhiger. Wenn die Böcke sich in einer reinen Bockgruppe unverträglich zeigen, kann eine Kastration also ebenfalls Abhilfe schaffen. Nach der Kastration sind sie noch bis zu sechs Wochen zeugungsfähig!

Werden neue Tiere in ein Rudel integriert, sollten sie vorher für gut zwei Wochen in einem separaten Zimmer eine **Quarantäne** abwarten, bevor sie die bereits vorhandenen Tiere kennenlernen, damit sie keine eventuell vorhandenen Krankheitserreger und Parasiten übertragen. In der Zeit werden sie tierärztlich untersucht und möglichst auch handzahm gemacht (siehe Seite 13).

Danach dürfen die Ratten auf keinen Fall einfach zusammen in einen Käfig gesetzt werden, denn die Tiere müssen sich erst langsam kennenlernen:

Variante 1: Stellen Sie den Käfig mit den Neuankömmlingen direkt neben den Käfig der bereits vorhandenen Tiere und tauschen Sie täglich über zwei bis drei Wochen die Einstreu der Käfige. So geben Sie den Ratten die Gelegenheit, sich an den Geruch der anderen Tiere zu gewöhnen.

Variante 2: Richten Sie den Käfig Ihrer neuen Ratten mit den Einrichtungsgegenständen und der Einstreu Ihrer vorhandenen Ratten ein. Die Tiere sehen sich vorher nicht, die neuen Tiere lernen aber den Geruch der anderen Gruppe kennen und nehmen diesen auch teilweise an. Das Kennenlernen findet dann vorsichtig und unter Aufsicht in kleinen Gruppen zu zweit oder zu dritt auf einem für alle unbekannten Terrain statt.

Vergesellschaftung: Danach kommen alle Tiere wieder unter Aufsicht zusammen in einen sauberen Auslauf, der mit einem Tunnel und verstreutem Futter bestückt ist. Die neue Ratte wird meist von den alten beschnüffelt, gejagt, bestiegen und unterworfen. Dabei wird es laut und es sieht bedrohlich aus, aber solange es nicht zu Bissverletzungen kommt, sollten die Tiere zusammen im Auslauf bleiben. Wenn sich die Ratten beruhigt haben und miteinander kuscheln und fressen, können sie zusammen ein Quartier beziehen. Das gemeinsame Rattenheim und dessen Einrichtung sollten vorher gründlich gereinigt worden sein. Wer viel Zeit hat, sollte den Tieren erlauben, selbst zu entscheiden, wann sie zusammen in das große Heim ziehen. Dazu bleiben die Ratten über Tage im ausbruchssicheren Auslauf und die jederzeit zugänglichen Gehege bleiben offen.

▶ *Um das Sekret der Haderschen Drüse zu entfernen, werden die Augen besonders intensiv abgeleckt.*

▶ **Menschliche Freunde** *werden genauso liebevoll geputzt wie Rattenfreunde.*

VERHALTEN DEUTEN

▶ **Zuckender Schwanz:** Nervosität, erhöhte Aufmerksamkeit und Stress

▶ **Stocksteifes Stehen:** Angst, Unsicherheit, zaghafte Neugier

▶ **Zähneknuspeln** (Zähne aufeinander schleifen oder reiben): Zufriedenheit, selten Schmerz

▶ **Putzen:** Körperpflege, aber auch Unsicherheit, Übersprunghandlung

▶ **Beißen:** Angst, Panik, Schmerzen, aber mitunter auch einfach Übermut

▶ **Beschnuppern:** Neugier, Artgenossen werden am Geruch erkannt

Mensch und Ratte

Die meisten Ratten sehen den Menschen nicht nur als Futterbringer, für sie ist er auch ein tolles Klettergerüst und auf jeden Fall interessant. Ratten schließen Freundschaft mit „ihrem" Menschen, putzen ihn, wollen ihn erziehen und streiten mit ihm um Futter.

Freundschaft schließen

Wichtigste Voraussetzung für ein Zusammenleben mit Ratten ist Vertrauen auf beiden Seiten. Sind die Ratten bei lieben Menschen mit Familienanschluss groß geworden oder stammen sie aus einer guten Notaufnahme, dann sind sie meist die Interaktion mit dem Menschen gewöhnt und es wird leichter, Freundschaft zu schließen. Aber nicht immer haben Ratten einen so guten Start ins Leben und es hängt auch vom Charakter des einzelnen Tieres ab, wie schnell es sich dem Menschen anschließt. Bei manchen Ratten müssen Sie viel Geduld mitbringen.

Eingewöhnung: Nach dem Einzug bekommen die Nager einige Tage, um ihre neue Umgebung kennenzulernen. In dieser Zeit werden nur die notwendigsten Pflegearbeiten erledigt und natürlich gibt es mehrmals am Tag kleine Futterportionen. Die Fütterung sollte ein gleichbleibendes Ritual sein: Möglichst zur gleichen Zeit werden die Näpfe in der gleichen Reihenfolge an dieselben Plätze gestellt.

Damit die Ratten Sie am Geruch erkennen, sollten Sie in der Zeit Ihre Pflegeprodukte – wie z. B. Seife – nicht wechseln. Reden Sie leise zu den Ratten und nennen Sie die Tiere beim Namen. Sie können ihnen auch gerne erzählen, was Sie gerade machen oder ihnen ein kleines Lied vorsingen. Wenn Sie immer dasselbe Lied singen, werden die Ratten schon bald darauf reagieren und ihre Fütterung erwarten.

Leckerchen? Sind die Tierchen satt und zufrieden, ist ein guter Zeitpunkt gekommen, um sie näher kennenzulernen. Gerade am Anfang wäre es gar nicht so sinnvoll, die Tiere mit Leckerchen zu locken. Ratten merken sich sehr genau, wem sie Futter klauen können und wenn Sie sich ständig das Futter klauen lassen, werden Sie von den frechen Rackern nicht besonders ernst genommen. Richtig üble Folgen hat das Verabreichen von Leckerchen durch das Gitter – es führt dazu, dass die Tiere am Gitter nagen und in Finger beißen, die durch das Gitter gesteckt werden.

Erster Kontakt: Legen Sie Ihre Hand in das geöffnete Gehege, achten Sie aber darauf, dass die flinken Ratten sich nicht an Ihnen vorbeiquetschen und flüchten können. Schon bald werden die neugierigen Nager Ihre Hand erkunden. Ganz freche Ratten beißen dann auch einmal rein. Lassen Sie die Tiere zuerst gewähren und zucken Sie nicht zurück. Beißen die Ratten zu heftig oder zu oft, dann wehren Sie sich gegen das Zwicken, indem sie die beißende Ratte sanft mit dem Finger wegschubsen und sie ein klein wenig zurückkneifen. So lernt sie, dass Sie das nicht mögen. Wenn die Ratten die Hand fröhlich erkunden und keine Angst vor Ihnen zeigen, üben Sie das Hochnehmen. Umfassen Sie die Ratten spielerisch, heben Sie die Hand mehrfach hoch, und wenn Sie mögen, lassen Sie die kleinen Fellnasen auch einmal in Ihren Ärmel krabbeln.

GESUNDHEITSCHECK

Die tägliche Fütterung von Hand ist der optimale Zeitpunkt für einen kleinen Gesundheitscheck. Denn nur, wer seine Ratten gut beobachtet, wird Krankheiten rechtzeitig erkennen und kann sofort einen Tierarzt aufsuchen, wenn ein Tier sich anders benimmt als sonst:

▶ Kommen alle Ratten zur Fütterung?

▶ Fressen sie unverzüglich einen Teil des angebotenen Futters oder bunkern sie es nur?

▶ Bewegen sich alle Ratten normal, haben sie keine Verletzungen und ist ihr Fell seidig und glatt?

▶ Benehmen sich die Ratten untereinander wie immer?

▶ Achten Sie auch auf die Ausscheidungen im Käfig: Hat ein Tier Durchfall oder riecht es unangenehm?

▼ *Neugierig reckt sich die Ratte der fremden Hand entgegen – und wird dabei länger und länger ...*

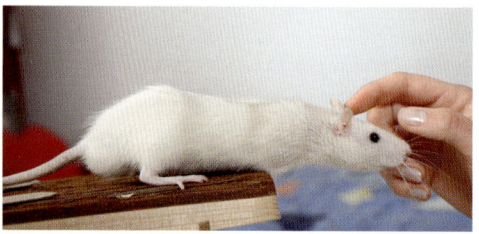

Ratten richtig tragen: Ratten sind sehr flink und schlecht festzuhalten. Wenn sie hochgenommen werden, sollte der Vorderkörper mit einer Hand fest umschlossen werden. Die andere Hand greift nach und stützt sofort die Hinterbeine. Zum Transport innerhalb der Wohnung werden die Ratten am besten mit beiden Händen vor der Brust fixiert. Nur ganz zahme Ratten können gefahrlos auf der Schulter durch die Wohnung getragen werden.

OLLE KLAMOTTEN

Tragen Sie bei der Beschäftigung mit den Ratten alte Kleidung, an der Sie nicht sehr hängen. Denn die süßen Nager schlagen ihre Zähne nur zu gern in Pullover, zerlegen ihn in seine Einzelteile und pinkeln ihn dann auch noch voll …

Erlebn

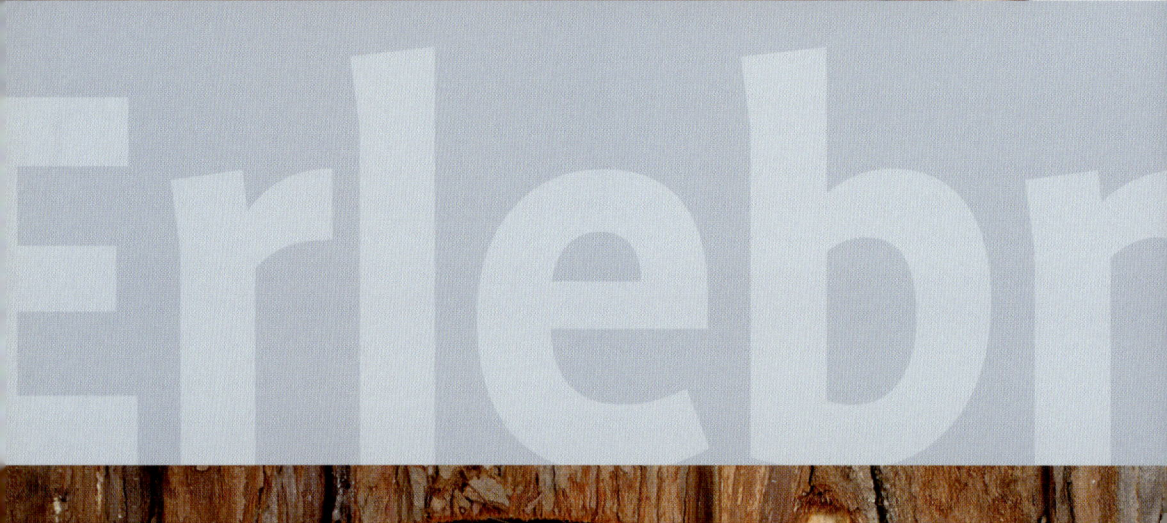

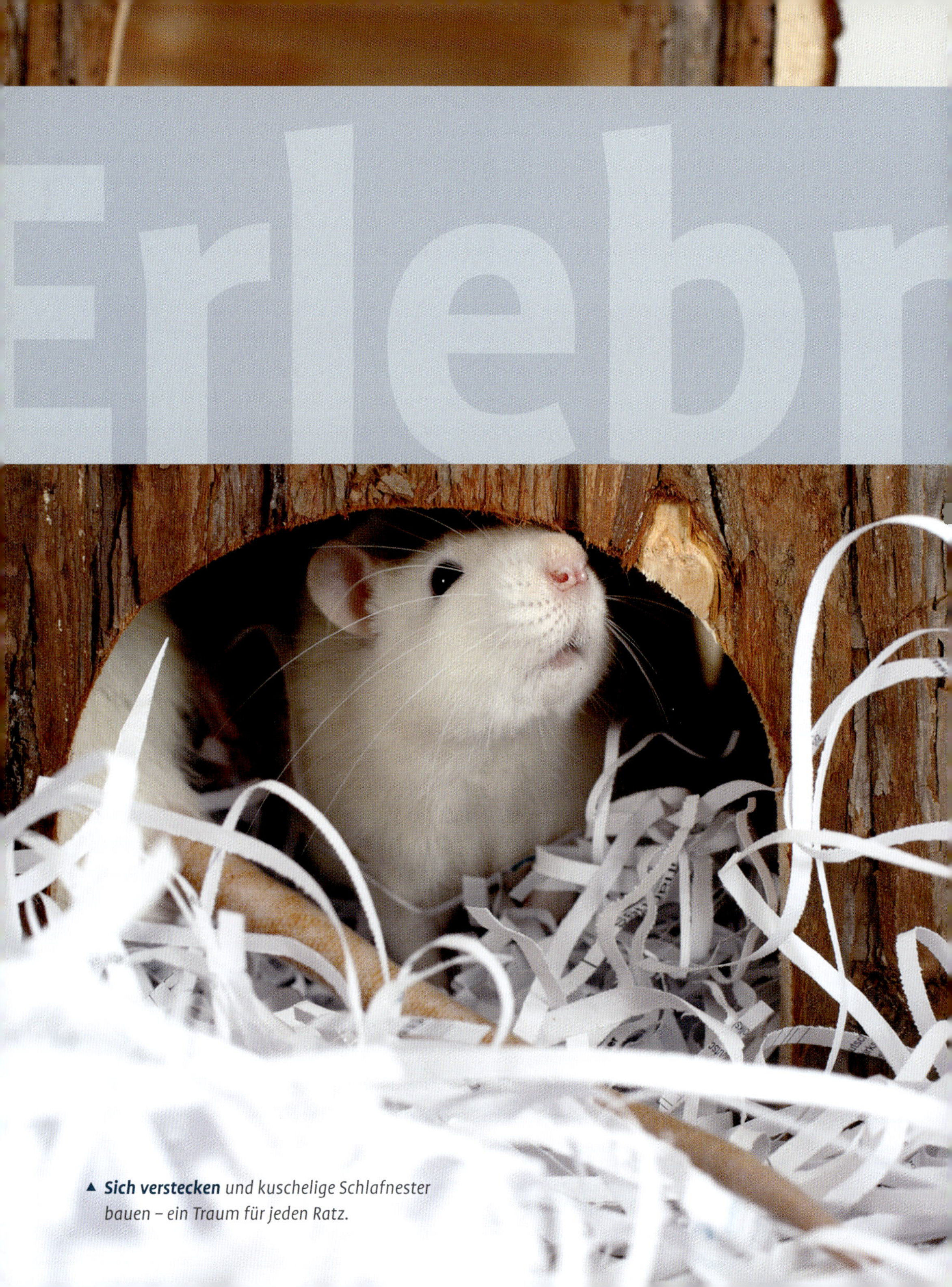

▲ **Sich verstecken** und kuschelige Schlafnester bauen – ein Traum für jeden Ratz.

Erlebniswelt Gehege

Das Gehege ist nicht der Ort, wo die Ratten „aufbewahrt" werden, bis sie Auslauf bekommen, es ist Rattenspielplatz, sicheres Versteck und Revier in einem.

Gehen Sie bei der Gestaltung des Rattengeheges auf die Vorlieben der kleinen Racker ein. Ratten klettern gern und halten sich bevorzugt auf höheren Plattformen auf, um den Überblick über ihr Gelände zu haben. Richtig wohl fühlen sie sich aber nur, wenn sie dunkle Höhlen zum Verstecken haben – und perfekt wird es, wenn sie dort auch noch kuschelige Nester bauen können. Ratten sind sehr reinlich, daher darf eine Toilette in keinem Gehege fehlen.

Gehegegröße

Damit die quirligen Fellnasen all ihre Bedürfnisse auch außerhalb der Auslaufzeiten ausleben können, benötigen sie ein großes Gehege. Dekorativ und rattenlike eingerichtet gefällt das nicht nur den Ratzen: Es ist ein Blickfang in jedem Zimmer.

Wie groß ist groß?

Die folgenden Mindestmaße wurden von Verhaltensforschern und Tierschützern aufgestellt: Demnach sollte das Gehege für eine kleine Gruppe bis zu vier Tieren ein Volumen von 400 l, für größere Gruppen bis zu acht Tieren 600 l und für noch größere Gruppen entsprechend mehr haben. Ein Käfig für eine kleine

Gruppe könnte demnach die Maße von etwa 80 cm Länge, 50 cm Breite und 100 cm Höhe haben, die Maße für eine größere Gruppe wären 100 x 50 x 120 cm. Diese Maße geben an, wie viel Platz Ratten mindestens benötigen, damit die Haltung für sie keine Qual darstellt und sie sich ausreichend bewegen können. Aber es sind keinesfalls Wohlfühlmaße! Wenn Sie Ihren geliebten Heimtieren ein Gehege bieten möchten, das Platz für Spiel, Spaß, Spannung und ein rattentypisches Sozialverhalten ermöglicht und dadurch auch Ihnen mehr Freude an Ihren Ratten bringt, dürfen Sie das Volumen des Geheges gerne verdoppeln oder verdreifachen. Erst Volieren ab einem Volumen von 1 m³ und mehr bieten den entdeckungsfreudigen Nagern genug Platz für jede Menge Action und Abwechslung.

Groß genug?

Diese Formel hilft Ihnen, auszurechnen, ob das Gehege groß genug für Ihre Rattengruppe ist.

1. Multiplizieren Sie Länge x Breite x Höhe des Geheges in Zentimetern.
2. Das Ergebnis wird durch die Anzahl der Ratten dividiert.
3. Ziehen Sie das Komma fünf Stellen nach links. Ein Wert von 1,5 steht für das absolute Platzminimum – Ihr Wert sollte also darüber liegen!

Beispiel:

1. 100 x 50 x 120 = 600 000,00
2. 600 000,00 : 4 = 150 000,00
3. 150 000,00 ➤ 1,50000

Gehegeaufbau

Bei der Wahl des Rattengeheges sind nicht nur die **Maße** beziehungsweise das Volumen entscheidend, auch die **Form** des Geheges ist wichtig. Eine **Höhe** von über 80 cm ist notwendig, da Ratten sich gern auf erhöhten Plattformen aufhalten. Dabei ist allerdings darauf zu achten, dass die Tiere nicht tief fallen können. Daher werden höhere Volieren mit Zwischenetagen versehen. Ein weiteres wichtiges Kriterium ist die **Tiefe**.

Damit die Ratten auch bei Rangstreitigkeiten und in Stresssituationen aneinander vorbeilaufen können und es möglich ist, Einrichtungsgegenstände sinnvoll aufzustellen, ist eine Tiefe von 40 cm das Minimum.

Richtig viel Platz haben die Ratten erst ab einer Gehegetiefe von 60 cm, da hier auch große Häuser und Spielgeräte so platziert werden können, dass davor und dahinter noch Platz zum Laufen bleibt. Allerdings erschwert diese Tiefe die Reinigung, große Gehegetüren sind dann besonders wichtig. Da Ratten gern buddeln, ist eine hohe Einstreuwanne am Boden des Geheges sinnvoll, damit die Einstreu im Gehege bleibt.

Achten Sie auf eine gute Belüftung im Gehege. Mindestens eine Seite muss vergittert und somit offen sein.

◀ **Solch ein Gehege** kann im Internet unter www.uni-dom.de bestellt werden.

▶ **Ein toller Rattenspielplatz:** eine Voliere mit einem Aufbau auf Rädern.

Gehegearten

Egal ob begeisterter Handwerker oder Schraubermuffel: Für jeden Bedarf gibt es das passende Rattengehege. Eigenbauten können perfekt in die eigene Wohnlandschaft eingepasst werden, aber auch eine gekaufte Voliere kann ein schöner Blickfang sein. Jede Gehegeart hat ihre Vor- und Nachteile. Terrarien, Aquarien und Vollplastikgehege sind für die Rattenhaltung ungeeignet. Sie bieten keine ausreichende Belüftung, um die durch die Tierausscheidungen und deren Zersetzung hervorgerufenen Gase abzuleiten. Außerdem staut sich Nässe im Innenraum. Beides schadet den empfindlichen Atemwegen der kleinen Fellnasen.

Käfige

In geeigneten Größen werden sie selten für Ratten, sondern meist für Frettchen angeboten. Der „Kleintierkäfig Furet Tower" von der Firma Ferplast ist z. B. einer der wenigen Fertigkäfige, die ohne große Umbauten verwendet werden können. Er bietet eine große Zwischenetage, damit die Ratten nicht tief fallen können, eine hohe Bodenschale und als Grundausstattung weitere kleine Etagen, eine Spielröhre und eine Hängematte. Allerdings reichen die mitgelieferten Etagen nicht aus, zwei oder drei müssen noch zusätzlich eingebaut werden. Es gibt auch einige mehrstöckige Meerschweinchenkäfige, die geeignet sind, aber nicht bei allen Varianten ist der Gitterabstand eng genug (siehe Seite 25).

Käfige verbinden: Durch das Verbinden mehrerer kleinerer Käfige können Sie ganz einfach eine Rattenwohnlandschaft schaffen. Und so geht's:

▶ Nehmen Sie die Seitentüren heraus oder entfernen Sie mit einem Seitenschneider einen Teil des Gitters. Wichtig: Achten Sie darauf, dass die Käfiggitter so entfernt werden, dass die Ratten nicht durch spitz hervorstehende Reste verletzt werden können.

▶ Befinden sich die Öffnungen auf gleicher Höhe, schieben Sie die Käfige dicht zusammen, bis die Öffnungen aneinander liegen. Dann können Sie mit Draht die Gitter neben den Öffnungen miteinander verbinden, damit Ihre Ratten nicht ausbüxen können.

▶ Stehen die Käfige etwas weiter auseinander oder liegen die Öffnungen nicht auf gleicher Höhe, können Sie ganz leicht Verbindungen aus festen Plastikröhren bauen. Dazu eignen sich Drainagerohre aus dem Baumarkt oder spezielle Spielröhren für Frettchen aus dem Zoofachhandel. Diese werden einfach durch die Öffnungen gesteckt. Achten Sie jedoch darauf, dass sich die Ratten nicht daran vorbeiquetschen können – die Löcher im Gitter sollten also nur knapp größer sein als die Verbindungsröhren. Halten die Röhren nicht von selbst in der Gitteröffnung oder schaffen die kleinen Nager es, sie herauszuschieben, dann müssen die Verbindungsröhren am Käfiggitter verdrahtet werden. Dazu werden Löcher in die Röhrenenden gebohrt und dadurch mit Draht am Gitter befestigt.

◀ *Große Türen* *sind wichtig für die Käfigreinigung und natürlich zur Kontaktaufnahme.*

Volieren

Volieren (siehe Foto Seite 36) sind eigentlich als Vogelheime gedacht, doch große Volieren mit engen Gitterabständen eignen sich auch für Ratten. Etagen müssen meist nachträglich eingebaut werden, doch dies ist häufig gar nicht so leicht, denn es gibt kaum Volieren, deren Vorderfront sich ganz öffnen lässt. Durch die kleinen **Türen** ist auch die Reinigung häufig sehr mühsam. Bei nahezu allen Volieren existiert keine hohe Bodenwanne für die Einstreu. Deshalb sollte im unteren Bereich ein Streuschutz aus Plexi- oder Bastlerglas angebracht werden.

TÜR AUF!

Achten Sie bei Käfigen und Volieren darauf, dass diese über mehrere große Türen verfügen.

Praxistest: Greifen Sie durch jede Tür und schauen Sie, wie weit Ihr Arm hineinreicht. Überlegen Sie sich genau, wo Etagen angebracht werden sollen und ob Sie dann trotzdem noch jeden Winkel erreichen können. Das ist vor allem wichtig für die tägliche Reinigung der Etagen und beim Einfangen der Ratten, etwa, wenn diese noch scheu sind oder wegen einer Erkrankung behandelt werden.

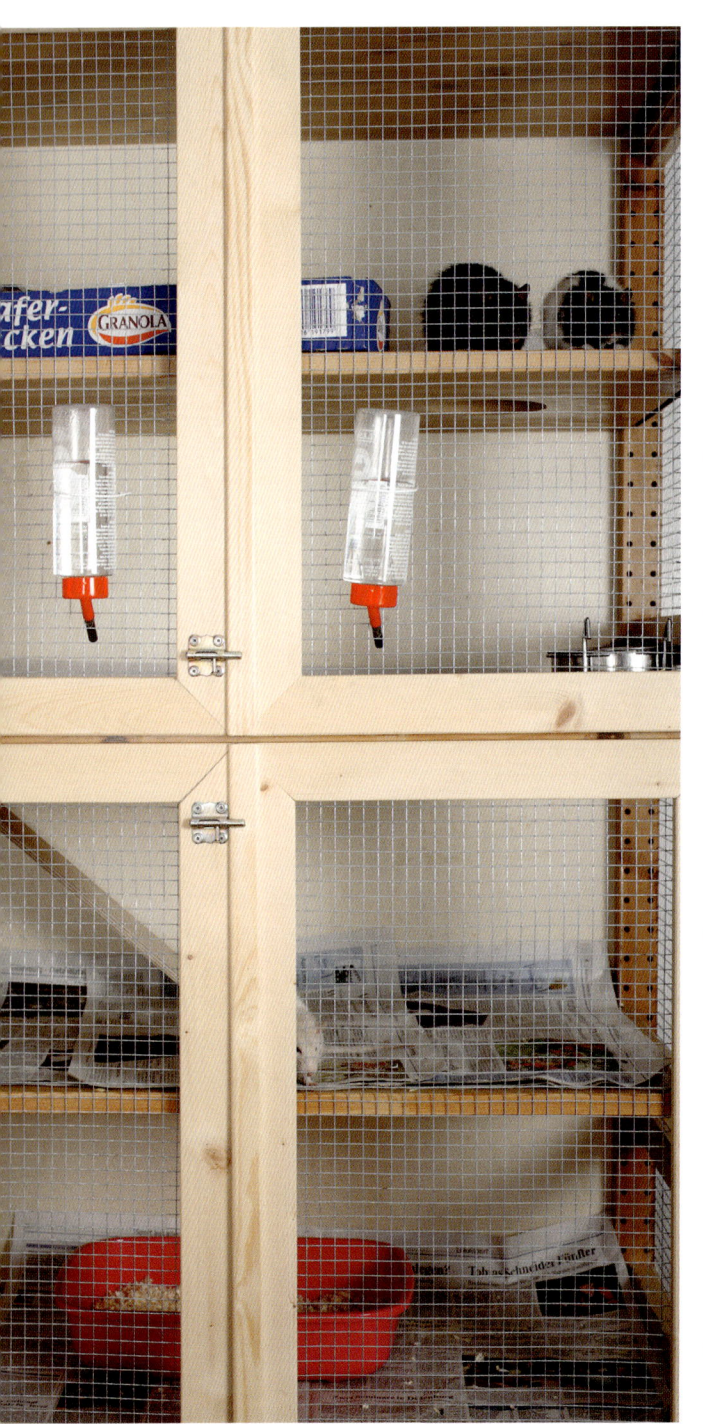

Schrankgehege

Selbst handwerklich nicht so sehr begabte Rattenhalter können solch ein Gehege selbst bauen. Als Grundgerüst dient ein günstiger Schrank aus beschichteten Hartfaserplatten oder lackiertem Vollholz. Geeignet sind Regale und Schränke ab einer Tiefe von 50 cm.

Und so geht's:

▸ Sägen Sie in jeden Einlegeboden eine Öffnung von etwa 10 x 10 cm für die Rampe (siehe Seite 38) zur darunterliegenden Etage.

▸ Zur ausreichenden Belüftung des Geheges und für eine gute Sicht auf Ihre Tiere werden Gitter in die Schranktüren eingesetzt. Damit die Tür stabil bleibt, sollte rundherum ein etwa 8 cm breiter Rand bleiben. Bei hohen Türen garantieren entsprechend breite Querstege alle 40–50 cm die Stabilität.

▸ Vor die Aussparungen in den Türen werden Vorsatzgitter oder Volierendraht getackert. Da Volierendraht nur schwer sauber abzuschneiden ist, bilden sich an den Rändern kleine Spitzen. Damit die Ratten sich nicht daran verletzen und Sie nicht mit Ihrem Lieblingspulli daran hängen bleiben, ist es sinnvoll, die Ränder mit dünnen Holzleisten abzudecken. Diese werden von innen gegen die Ränder getackert.

▸ Über dem Gehegeboden sorgt ein 15–20 cm hoher Rand dafür, dass die Einstreu nicht hinausfällt.

Eigenbauten

Selbst gebaute Gehege können komplett an die Bedürfnisse der Tiere und ihres Halters angepasst werden. Allerdings sind sie nicht ganz so leicht zu realisieren und es bedarf schon ein wenig handwerklichen Geschicks, einen solchen Eigenbau anzufertigen.

Als **Grundgerüst** kann ein tiefes Bücherregal mit Seiten- und Rückwänden oder ein stabiles Holz- oder Metallregal aus dem Baumarkt dienen. Ein Bücherregal bietet den Vorteil, dass hier nur Türen selbst gebaut werden müssen. Metallregale haben den Vorteil, dass sie stabil sind und nicht angenagt werden können.

Es ist ebenfalls möglich, ein Grundgerüst aus massiven **Holzbalken** selbst zu bauen. Mindestens zwei Seiten des Eigenbaus sollten mit festen Wänden verschlossen sein, das verhindert Durchzug und bietet den Ratten dunkle Ecken als Rückzugsmöglichkeiten. Eine oder zwei Seiten werden vergittert, um eine gute Belüftung zu gewährleisten. Es ist auch möglich, an den Seiten Gitterfenster für die Belüftung anzubringen und die Vorderfront mit Türen aus Plexiglas zu versehen.

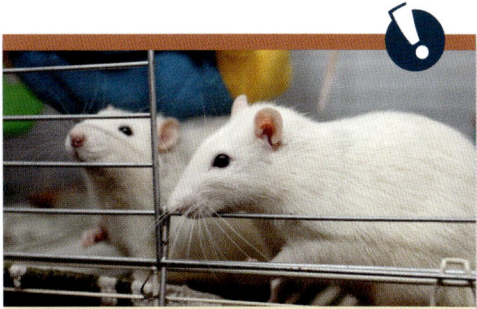

LINKTIPP

Hier finden Sie eine sehr ausführliche Beschreibung eines Rattenkäfigeigenbaus:
http://ratten-nest.de/selbstbau.html

Türen zu bauen, verlangt schon ein wenig Geschick. Für höhere Eigenbauten werden mehrere Türen benötigt. Bis zu einer Breite von 50 cm und einer Höhe von 80 cm sind Türen stabil, darüber hinaus werden sie sehr wackelig, das Holz verzieht sich und sie lassen sich nicht mehr richtig schließen.

Und so geht's:

▸ Für den Rahmen werden etwa 1–2 cm dicke und 5 cm breite Holzleisten verwendet, die Sie schon im Baumarkt auf die benötigte Größe zuschneiden lassen können. Beachten Sie bei der Berechnung der Länge der Querleisten, dass die Breite der tragenden senkrechten Leisten abgezogen werden muss.

▸ Die Leisten werden im Viereck aneinandergeleimt, verschraubt und in den Ecken von innen mit Metallwinkeln verstärkt. Nach dem Trocknen des Leims wird auf der Rückseite der Volierendraht angetackert und mit Leisten gesichert.

▸ Haben die Seitenwände zur Belüftung vergitterte Öffnungen, können Sie die Türen auch mit Plexi- oder Bastlerglas statt mit Gittern versehen. Diese kleinen Fenster in die Rattenwelt bieten einen schöneren Blick auf die Tiere. Dazu werden die Scheiben einfach innen in die Türen geklebt und mit einem weiteren Holzrahmen gesichert.

▸ Die Türen werden mit Scharnieren an den Seitenwänden des Geheges befestigt. Als Verschluss können Haken und Ösen, Schieberiegel oder Magnetverschlüsse für Schranktüren verwendet werden.

Materialkunde

Suchen Sie die Materialien für den Eigenbau des Geheges oder den Umbau des Käfigs sorgfältig aus.

Hinter Gittern

Ratten quetschen sich auch durch schmale Öffnungen, der **Gitterabstand** des Geheges sollte deshalb nicht zu groß gewählt werden. Während ein Abstand von 2 cm einen ausgewachsenen Rattenbock am Entkommen hindert, haben junge Ratten und zierliche Weibchen wenig Probleme, ein solches Gehege zu verlassen, um einen Ausflug zu machen. Ein zu weiter Gitterabstand verleitet die Ausbruchskünstler auch dazu, am Gitter zu nagen und die Nasen hindurchzustrecken. Ist der Gitterabstand also zu groß bemessen, schaben sich die Ratten ihre Nasen am Gitter wund oder bleiben schlimmstenfalls darin stecken. Volierendraht mit einem Abstand von etwa 1,2 cm ist für Ratten gut geeignet. Quer verdrahtete Streben sollten vor allem bei Nachwuchs und bei Jungratten einen Abstand von 1 cm nicht überschreiten. Die Drähte sind am besten quadratisch oder waagerecht ausgerichtet. An senkrechten Streben können Ratten nicht gut klettern – und das tun sie sehr gerne.

Verwenden Sie nur **hochwertige Gitter** beim Bau des Rattengeheges. Zwar hält auch verzinkter Volierendraht die Tiere vom Ausbrechen ab, nagen sie allerdings viel an diesem Gitter, könnten sie dadurch zu viel Zink aufnehmen. Dieser reichert sich im Organismus an und führt langsam zu einer Vergiftung. Besser geeignet ist deshalb ein Volierendraht aus rostfreiem Edelstahl.

Gitter von Kaufkäfigen aus deutscher Produktion sind inzwischen durchgehend **pulverbeschichtet**. Diese Beschichtung hält den Rattenzähnen länger stand als die früher übliche Chrombeschichtung. Alte Käfige haben häufig noch eine Lackversiegelung, diese löst sich schnell ab und kann, ebenso wie eine beschädigte Chrombeschichtung, dann zu scharfkantigen Splittern werden. Leider sind die meisten Gitter silberfarben beschichtet, um eine Chromversiegelung zu simulieren: Diese Gitter reflektieren das Licht, dadurch werden zum einen die Tiere geblendet und zum anderen kann man sie dadurch nicht so gut beobachten. Viel schöner sind dunkel beschichtete Käfiggitter und Volierendraht, die aber schwerer zu bekommen sind. Günstiger, dunkelgrün ummantelter Volierendraht eignet sich leider nicht, da die Beschichtung meist aus Farbe mit hohem Gummianteil besteht. Diese wird leicht abgenagt und der Draht rostet dann.

Im Zoofachhandel gibt es für den Volierenbau fertige **Vorsatzgitter** in verschiedenen Größen, die bereits über Öffnungen mit Schiebetüren verfügen. Diese sind ebenfalls sehr gut für den Eigenbau von Rattenheimen geeignet.

◀ *An waagerechten* Streben können Ratten bequem bis ganz nach oben klettern.

▶ *Volierendraht* ist zwar praktisch und günstig, aber leider nicht sonderlich dekorativ.

Baumaterial

- Für den Bau leichter Etagen sowie nicht tragender Wände eignet sich **Leimholz oder Sperrholz** besonders gut. Das Holz muss mit einer Versiegelung gegen den Urin der Tiere geschützt werden.
- **Beschichtete Spanplatten** mit einem Kern aus gepresstem und verleimtem Holzspan und einer Oberfläche aus Furnier oder Dekor bieten sich für schwerere Etagen und Wände an. Die Beschichtung schützt das Holz vor dem Rattenurin, allerdings kann der Urin an den Schnittkanten, Rändern und Bohrlöchern eindringen. Daher sollten die Platten dort zusätzlich versiegelt werden. Die Spanplatten sind durch ihren Gehalt an verschiedenen Chemikalien und Klebstoffen nicht ganz ungefährlich – empfindliche Menschen oder Ratten können Allergien darauf entwickeln. Achten Sie daher beim Kauf auf schadstoffarme Qualität. Alte Möbel dünsten kaum noch Schadstoffe aus. Das Recycling der Spanplatten alter Möbel für Ratteneigenbauten ist nicht nur besser als neue Ware zu verwenden, sondern schont zudem den Geldbeutel.
- **Massivholz** ist beim Gehegebau universell einsetzbar, denn es dünstet kaum Schadstoffe aus und ist gut zu verarbeiten. Es muss allerdings ebenfalls versiegelt werden. Auf Nadelhölzer sollte verzichtet werden, da aus diesen mitunter noch Harz und ätherische Öle austreten, die bei empfindlichen Ratten zu Atemwegsbeschwerden führen können.
- **Plexiglas oder Bastlerglas** ist vor allem als Vorderfront geeignet. Bastlerglas gibt es in Standardgrößen fertig im Baumarkt zu kaufen. Plexiglas sollten Sie im Baumarkt passend schneiden lassen, da es schwer zu sägen ist.
- **Beschichtete Hartfaserplatten** eignen sich als Rückwände, allerdings hält die Beschichtung nicht sehr lange. Da sie günstig sind, können sie bei Beschädigung gut ausgetauscht werden.

▲ *Ganz neugierige* Fellnasen kann oft nur ein Karabinerhaken am Ausbrechen hindern.

- **OSB-Platten** (Pressspanplatten) können Sie statt massiven Holzplatten oder herkömmlichen Spanplatten verwenden, müssen sie vorher jedoch versiegeln.
- **Siebdruckplatten** sind speziell versiegelt und sehr haltbar und eignen sich als Wände.
- **Metallplatten** sind schwer zu verarbeiten und bieten kein angenehmes Raumklima. Ungeschützt rosten sie leicht.
- **Laminat** eignet sich gut für Etagen oder als schöner Bodenbelag.

Das hält alles zusammen

▸ Die beste Möglichkeit, Volierendraht und dünne Rückwände an Rahmen zu befestigen, sind **Tacker**. Die Tackernadeln müssen passend zur Holzdicke gewählt werden: Sind sie zu lang, gehen sie komplett durch das Holz und die heraus ragenden Spitzen sind gefährlich für die Tiere. Zu kurze Tackernadeln hingegen halten den Draht nicht sicher fest.

▸ **Nägel** spalten das Holz meist unschön auf und halten größere Teile kaum zusammen. Nur kleine Nägel sind anstelle von Tackernadeln dazu geeignet, dünne Rückwände an Rahmen zu befestigen.

▸ **Schrauben** sind unverzichtbar beim Eigenbau. Achten Sie darauf, spezielle Holzschrauben zu verwenden. Kreuzschlitz- oder Sechsrundschrauben (Torxschrauben) sind leichter einzudrehen als Schlitzschrauben. Die Länge der Schrauben richtet sich nach der Holzdicke, Schrauben sollten nie ganz durch das Holz gehen. Bohren Sie Löcher für Schrauben möglichst immer vor, sonst spalten die Schrauben das Holz. Verwenden Sie dazu einen Bohraufsatz, der eine Maßeinheit dünner ist als die Schraube.

Versiegelung

Damit kein Urin eindringen kann, müssen die meisten verwendeten Baumaterialien versiegelt werden. Dafür stehen verschiedene Möglichkeiten zur Verfügung.

▶ **Lacke** in verschiedenen Farben können das Gehege ansprechend gestalten oder, falls durchsichtig, die Maserung von Hölzern richtig zur Geltung bringen. Der Lack sollte immer in mehreren Schichten aufgetragen werden, um das Holz sicher zu versiegeln. Damit keine giftigen Ausdünstungen oder Bestandteile den Ratten schaden, empfehle ich Lacke, die für Kinderzimmereinrichtungen zugelassen sind – besonders schonend sind Lacke auf Wasserbasis.

▶ **Holzleim** auf Wasserbasis eignet sich gut, um Kanten und Beschädigungen in der Beschichtung auszubessern. In mehreren Schichten dick aufgetragen, hält er Flüssigkeiten zuverlässig ab.

▶ **Dekorfolien** werden im Fachgeschäft in vielen Farben angeboten. Sie sind selbstklebend und können leicht verarbeitet werden. Allerdings sind sie sehr dünn – sobald die Ratten eine kleine Angriffsstelle gefunden haben, ist die Folie schnell ab. Deshalb muss Folie an den Rändern immer umgeschlagen und gesichert werden.

▶ **Wachstischdecken, Linoleum** und gut ausgedünstetes **PVC** eignen sich als urindichter Bodenbelag. Damit die Ratten diesen nicht annagen, muss der Belag an den Kanten mit Leisten gesichert werden.

▶ **Fliesen** können auf Etagen oder am Boden verlegt werden. Im Sommer bieten sie den Ratten zusätzlich Kühlung. Bei normalen Temperaturen sind sie allerdings zu kalt, deshalb werden sie dann mit einer dicken Lage Einstreu, Zeitungspapier oder anderen Materialien abgedeckt.

▶ **Wachs** wird mitunter als ungiftige Versiegelung für das Holz des Geheges oder der Inneneinrichtung empfohlen. Wird Naturwachs in dicken Schichten aufgetragen, hält er Flüssigkeit relativ gut ab. Allerdings nutzen sich diese Wachsschichten schnell ab, vor allem, wenn die Gegenstände heiß gereinigt werden.

▶ Eine Versiegelung mit einer **Holzlasur** reicht nicht aus, um das Holz vor Rattenurin zu schützen!

Werkzeug

▶ Zum Verschrauben eines Eigenbaues ist ein **Akkuschrauber** oder ein entsprechender Bohrer geradezu unverzichtbar. Achten Sie beim Kauf der Schrauben immer darauf, dass Sie die passenden Bits oder Schraubendreher für die entsprechenden Schraubenköpfe besitzen. Ein Bohraufsatz zum Bohren großer Löcher ist hilfreich, wenn Einrichtungsgegenstände selbst gebaut werden sollen.

▶ Eine gute **Stichsäge** erleichtert die Arbeit, denn mit ihr können Öffnungen und alle Holzteile problemlos gesägt werden. Ist eine solche Säge nicht zur Hand, empfehle ich einen **Fuchsschwanz** für diese Arbeiten. Damit lassen sich allerdings keine Öffnungen aus Etagen oder Türen heraussägen, ohne von der Kante anzufangen.

◀ *Eine bunte Wachstischdecke bringt Farbe ins Gehege und schützt den Boden.*

Standort

Das Gehege sollte an einem ruhigen Ort stehen. In Kinderzimmern wird gespielt, geschrien und gerannt und auch Flure bieten nicht genug Ruhe, was die Ratten sehr nervös macht. Optimal sind Wohn- oder Arbeitszimmer, da die Tiere hier Familienanschluss haben und selten allein sind. Die Küche eignet sich nicht: Hier geht es nicht nur hektisch zu, die beim Kochen entstehenden Dämpfe irritieren die Ratten und reizen die Atemwege. Im Schlafzimmer ist es meist zu staubig, außerdem sind Ratten nicht gerade leise Hausgenossen. Wenn sie lautstark an einer Nuss oder einem Einrichtungsgegenstand nagen, beim Rangeln fiepen oder Dinge gegen Gitter werfen, stört das den Schlaf ihres Menschen.

KEINE AUSSENHALTUNG!

Ratten haben sehr empfindliche Atemwege und vertragen weder Zugluft noch starke Temperaturschwankungen. Ihr Fell besitzt keine wärmende Unterwolle und schützt sie im Winter nicht ausreichend gegen Kälte und bei Regen kaum gegen Nässe. Bei starker Sonneneinstrahlung kommt es sehr schnell zu einer Überhitzung der Tiere und zum Hitzeschlag. Deshalb ist von einer Außenhaltung auf dem Balkon oder im Garten abzuraten!

Der Raum, in dem das Rattengehege steht, sollte eine normale Zimmertemperatur haben. Das Gehege kann gern hell stehen, aber ohne direkte Sonneneinstrahlung, damit es nicht überhitzt. Daher darf es im Sommer dort auch nicht zu heiß sein, über Tag müssen die Fenster abgedeckt werden und gegebenenfalls ist für Kühlung (siehe Seite 40) zu sorgen. Trockene Heizungsluft ist schlecht für die Atemwege, deshalb sind Luftbefeuchter an der Heizung sinnvoll – für Mensch und Tier. Dass im Rattenzimmer nicht geraucht werden sollte, versteht sich von selbst. Auch künstliche Raumdüfte, Räucherstäbchen und Ähnliches sind dort tabu.

◄ *Etagenwohnung* mit Treppenhaus.
So sehen Rattenwohnträume aus!

▲ „Was hast du mir zu bieten?", scheint diese vorwitzige Ratte zu fragen.

Einrichtung

*Ein großes Gehege wird erst durch die richtige Einrichtung
zu einem Lebensraum für die aktiven Fellnasen. Damit sie dort
alles tun können, was Ratten eben so tun ...*

Gemütliche Häuschen, kuschelige Nester und interessante Aussichtsplattformen bieten jede Menge Abwechslung und Wohlfühlatmosphäre.

Zum Wohlfühlen

Ein neu gebautes und eingerichtetes Rattengehege ist eine Augenweide. Damit die aktiven kleinen Nager sich darin richtig wohlfühlen, benötigt es allerdings noch etwas mehr.

Einstreu

Ratten haben sehr empfindliche Atemwege und reagieren auf Staub, chemische Belastung und ätherische Öle schnell mit ständigem Niesen und Atemwegsbeschwerden. Deshalb ist nicht jede Einstreu für das Rattenheim geeignet. Trotzdem sollte die Bodenwanne möglichst hoch eingestreut werden, damit die neugierigen Nager ihrem Buddeltrieb nachkommen können. Handelsübliche **Holzeinstreu** besteht meist aus Nadelhölzern und wird von den empfindlichen Ratten nicht gut vertragen, als **Alternative** bieten sich Einstreuarten aus Maisspindeln, Hanffasern, Miscanthus, Lein oder sehr feinem Buchengranulat an. Eine gute Alternative zu herkömmlicher Einstreu ist geschreddertes

Papier, welches die Ratten mit Begeisterung zerlegen und als Nistmaterial verwenden. Druckerpapier wird allerdings meist zu scharfkantig und sollte nicht eingesetzt werden.

Pellets oder gröbere Granulate sind nicht geeignet, Ratten neigen zu Ballenabszessen und grobe Einstreu reizt die nackten Fußsohlen permanent. Die meisten Katzenstreusorten sind ebenfalls nicht rattentauglich. Viele sind chemisch behandelt, der Staub reizt heftig die Lungen, und falls Klumpstreu gefressen wird, kann sie im Rattenmagen verklumpen.

Kuschelige Etagen

Eine lackierte Etage ist kein besonders heimeliger Ort – Ratten haben es jedoch gern gemütlich, liegen auf Etagen und bauen sich dort überall kleine Nester. Damit sie diese kuscheligen Nester bauen können, freuen sie sich über dicke Lagen Küchentücher. Auch Tageszeitungen (keine Hochglanzprodukte), Toilettenpapier und Pappen können auf den Etagen ausgelegt werden.

Heu und Stroh?

Heu und Stroh eignen sich nur eingeschränkt als Einstreu und Nistmaterial. Manche Ratten knabbern gern an solchen Naturmaterialien und bauen sich daraus schöne Nester, aber nicht alle Heuarten sind geeignet. Normales Heu ist meist stark mit Schimmelsporen belastet, diese reizen die Atemwege der Ratten, führen zu Atemwegsproblemen und schwächen so das Immunsystem. Staubt das Heu, riecht es muffig oder klumpt es zusammen, ist es für die Ratten nicht geeignet. Viele Strohsorten, vor allem Weizenstroh, sind stark mit Pestiziden und Schimmel belastet.

Hochwertiges und gut gelagertes Bioheu ist hingegen meist frei von Schimmel und Parasiten. Allerdings ist es sehr teuer und nicht leicht zu bekommen. Es sollte auf jeden Fall heißluftgetrocknet sein, denn der Schimmel im Heu bildet sich vor allem durch die Trocknung auf dem Feld. Hochwertiges Heu lässt sich locker aufschütteln, staubt nicht, riecht frisch und ist grün. Grüner Hafer, der als Futtermittel angeboten wird, ist als Strohersatz sinnvoll.

Es stimmt übrigens nicht, dass sich Ratten durch Heu Milben einfangen. Die Milbenarten, welche man auf Ratten finden kann, kommen im Heu selten vor, aber durch schlechtes Heu wird das Immunsystem so stark geschwächt, dass vorhandene Parasiten ein leichtes Spiel haben.

▼ **Holzetagen** sollten urinresistent versiegelt und am besten mit Papier abgedeckt werden.

DAS STINKT UNS

Ratten haben einen Eigengeruch, der auch bei regelmäßiger Reinigung in der Nähe des Geheges wahrnehmbar ist. Sie markieren Wege, Artgenossen und Einrichtungsgegenstände und möchten genau diesen Geruch um sich haben, denn er gibt ihnen Sicherheit. Deshalb sind parfümierte Einstreu und Nagerdeos, die diesen Geruch überdecken, für die kleinen Nager extrem irritierend und die ätherischen Öle können sogar den Atemwegen schaden. Verzichten Sie daher bitte auf jegliche Duftstoffe im Rattenheim!

Nistmaterial

Ratten bauen sich gern große und kuschelige Nester. Damit sie das können, sollte immer genug Nistmaterial im Käfig vorhanden sein. Besonders beliebt sind weiche Tücher wie Taschentücher, Toilettenpapier, Kosmetik- oder Küchentücher, aber auch normales Papier sowie Seidenpapier. Verwenden Sie aber nur wasserlösliche Tücher: Bleiben die Tücher auch nass noch formstabil, können verschluckte Stückchen sonst zu Verdauungsbeschwerden führen. Alle Tücher müssen frei von Parfüm und anderen Zusatzstoffen sein. Farbiges Papier kann bei Feuchtigkeit schnell Farbe verlieren und den Rattenpelz verfärben. Ob die Farben wirklich ungefährlich sind, wenn sie dann aus dem Fell gelecht werden, vermag ich nicht zu sagen. Teuer – aber sehr beliebt – sind spezielle Nagerteppiche aus Flachs oder Hanffasern. Sie können als Etagenschutz verwendet werden und bieten den Ratten viel Nistmaterial. Auch Kokosfasern und Holzwolle werden mitunter gern genommen.

NICHT GEEIGNET!

Wolle, Watte (auch spezielle Kleintierwatte) und andere Materialien, die Fäden ziehen, sind nicht als Nistmaterial geeignet! Die Fäden können sich um die Rattenfüßchen wickeln und diese regelrecht abschnüren. Unbehandelter Kapok aus Schoten ist für Ratten zu staubig, verwenden Sie dann lieber speziell behandelten, staubarmen Kapok.

Zubehör

Was tun unsere kleinen Fellnasen außer Schlafen, Buddeln und Rangeln am liebsten? Genau: Sie naschen, nagen und fressen natürlich gern – und benötigen dafür das richtige Equipment. Dieses ist am besten immer in doppelter Ausführung vorhanden, damit eine Garnitur gereinigt werden kann, während die andere im Einsatz ist.

Futternäpfe

Die Futternäpfe für Frischfutter und Trockenfutter müssen einigen Ansprüchen genügen. Vor allem sollten sie stabil und schwer genug sein, sodass die Tiere sich auch einmal auf den Rand setzen können, ohne damit umzukippen. Prima eignen sich zum Beispiel **schwere Futternäpfe** aus Ton, kleine Auflaufformen und Keramikuntersetzer für Blumen. Die Näpfe müssen von innen lasiert sein, damit keine Feuchtigkeit an das Futter gelangt und keine Nässe aus den Näpfen ins Gehege.

Stehen die Näpfe auf Etagen, sollten sie ein entsprechendes Gewicht haben, damit sie von den Tieren nicht bewegt werden können. Allerdings schaffen es besonders ruppige Ratten, auch sehr schwere Näpfe zu verschieben ... Damit diese Näpfe dann nicht von der Etage fallen und auf dem nächsten Rattenkopf landen, müssen sie gesichert werden: Dazu einfach kleine Holzleisten rund um den Standplatz des Napfes kleben oder schrauben.

Wasserflasche oder Napf?

Das Trinken aus dem Napf ist für Ratten wesentlich natürlicher als die unbequeme Haltung, die sie beim Trinken aus einer Wasserflasche einnehmen müssen. Durch den nach oben geneigten Kopf **verschlucken** sich die Tiere zudem leichter. Meist kommt aus den Flaschen auch nicht viel raus, der Unterdruck verhindert ein Abfließen des Wassers und so kann es nur in sehr kleinen Schlucken aufgenommen werden.

Dies kann im Winter bei trockener Heizungsluft oder in heißen Sommern sogar dazu führen, dass die Tiere zu wenig trinken. Die Trinkröhrchen der Wasserflaschen sind schwer zu reinigen und verschmutzen auch schnell mit Algen, Bakterien und anderen Ablagerungen. Manche Ratten spielen aus Langeweile mit den Stempeln oder Kugeln in den Trinkröhrchen, was viel Lärm machen kann.

Wenn der Wassernapf auch augenscheinlich stärker durch grobe Teile im Gehege verschmutzt, ist er doch leichter zu reinigen als eine Flasche. Deshalb sollte ein fester und gesicherter Wassernapf auf einer oberen Etage angeboten werden. Er ist so aufzustellen, dass die Ratten leicht am Rand des Geheges daran vorbeilaufen können und muss zum Etagenrand hin gut gesichert werden.

Rattentoiletten

Farbratten sind sehr reinliche Tiere und viele benutzen gerne eine „Toilette". Dafür eignen sich alle wasserfesten Gefäße, die groß genug sind, dass eine Ratte mehr als bequem darin sitzen kann – beispielsweise kleine Auflaufformen, große Hundenäpfe oder kleine Plastikboxen. Als Individualisten bevorzugen Ratten unterschiedliche Einstreu in ihrer Toilette: von Papierschnipseln über Erde bis hin zu normaler Einstreu ist alles möglich. Die Toilette wird am ehesten benutzt, wenn sie am Boden des Geheges unter einer Etage in einer Ecke aufgestellt wird.

▼ *„So ein großer Napf – und nichts drin?*
  Unerhört! Wo bleibt die Bedienung?"

CHECKLISTE REINIGUNG

Zum Reinigen des Geheges wird nur heißes Wasser verwendet. Wird Essig oder Zitronensäure zum Lösen von Urinflecken benötigt, muss hinterher gründlich nachgewischt werden. Leichte Verschmutzungen können mit Spülmittel entfernt werden. In Wasser aufgelöstes Natron beseitigt strenge Gerüche. Scharfe Reiniger bitte niemals verwenden, sie sind unnötig und reizen die Atemwege der Ratten!

▶ Toiletten und bevorzugte Pinkelecken täglich kontrollieren und – wenn nötig – reinigen.

▶ Futter- und Wassernäpfe täglich reinigen.

▶ Tränken täglich neu befüllen, Trinkröhrchen mit Wattestäbchen säubern, Flaschen ausspülen und gründlich mit einer Flaschenbürste schrubben.

▶ Kot und feucht gewordene Tücher nach Bedarf (täglich oder seltener) von den Etagen entfernen.

▶ Das Gehege einmal in der Woche ausräumen, auswischen und frisch einstreuen.

▶ Käfiggitter und Seitenwände bei Verschmutzung abwischen.

Mit Etagen und Rampen
Struktur schaffen

W enn Sie die Vorlieben Ihrer Ratten bei der Gehegeeinrichtung beachten, werden Ihre Untermieter sich viel wohler in ihrem Heim fühlen. So bieten Etagen tolle Aussichtsplätze und viele Rampen, Treppen und weitere Aufgänge schaffen interessante Erkundungspfade durch das Gehege. Dunkle Verstecke sind wichtig, am besten für jede Ratte mindestens eins. Zwar quetschen sich die sozialen Nager gern einmal alle zusammen in das kleinste Häuschen, aber wenn es Streit gibt oder wenn sie leckere Futterbrocken erbeutet haben, möchte jede Ratte gern ihren eigenen Rückzugsort haben. Neben diesen essenziellen Einrichtungsgegenständen benötigen Ratten aber auch noch jede Menge Abwechslung, Kuschelplätze und Spielzeug.

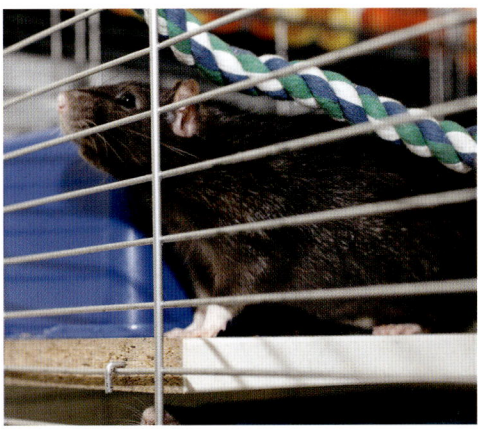

▲ **Mit Haken** versehene Etagen können einfach ins Gitter gehängt werden.

Etagen

Da die kleinen Racker gerne klettern und „in luftiger Höhe" liegend ihre Umgebung im Auge behalten, sind Etagen ein Muss im Gehege. Damit diese zusätzlich viel Platz bieten, werden sie immer großzügig bemessen, am besten gibt es mehrere durchgehende Etagen. Zum Klettern können zusätzlich kleine Plattformen am Gehegerand angebracht werden.

Ratten sind leider mitunter mutiger als es gut für sie ist, deshalb sollten die Etagen nicht mehr als 30 cm auseinanderliegen, damit die Tiere niemals zu tief fallen.

Etagen aus Kunststoff? Der Fachhandel bietet Kunststoffetagen an. Diese eignen sich als kleine Kletterbalkone, das oft recht weiche Plastik wird jedoch leicht angenagt.

◀ *1001 Möglichkeiten: Etagen dienen als Kletterplatz, Aussichtsplattform und vergrößern die Grundfläche.*

Etagen befestigen: Wird ein handelsüblicher Käfig mit Querstreben angeboten, können die Etagen dort leicht angebracht werden. Dazu wird das Brett auf jeder Seite gut 2 cm länger zugeschnitten, als der Käfig breit ist. Dort, wo die senkrechten Streben im Gitter sind, werden entsprechend tiefe Aussparungen in das Holz gesägt. Um das Brett zwischen die Gitter zu klemmen, werden diese etwas gedehnt.

Solche Etagen halten bombenfest, sind allerdings zum Reinigen nur schwer zu entfernen. Ist das Brett dick genug, kann es auch angeschraubt werden. Nehmen Sie dazu Unterlegscheiben, deren Durchmesser mindestens doppelt so groß ist wie der Gitterabstand. Damit werden die Etagen von außen am Gehegerand fixiert.

Damit die Etagen leicht zum Reinigen herausgenommen werden können, können Sie Kanthölzer mit einem Durchmesser ab 2 cm am Gehegerand festschrauben und die Etagen darauflegen oder die Etagen mit Haken versehen und sie damit am Gitter einhängen.

Regal- und Tischetagen: Am Gehegeboden und als zusätzliche Etagen können kleine Tische aufgestellt werden. Sie werden vom Fachhandel angeboten, können aber auch leicht selbst gebaut werden. Benötigt werden nur eine Platte ab einer Größe von 20 x 20 cm und vier Beine mit maximal 20 cm lange Länge. Rundhölzer eignen sich dafür am besten, da sie den Nagezähnchen keine große Angriffsfläche bieten. Sie werden dann einfach unter die Etage geschraubt und der freiliegende Schraubkopf wird mit Holzleim versiegelt, damit dort keine Feuchtigkeit ins Holz eindringen kann.

Rampen und Treppen

Viele Ratten springen einfach von Etage zu Etage und es fällt ihnen auch leicht, senkrecht am Gitter entlang zur nächsten zu klettern. Allerdings ist diese Kletterei nicht immer ganz ungefährlich und gerade die älteren Semester bevorzugen dann doch Rampen und Treppen, um sicher von einer Etage zur anderen zu kommen.

Bringen Sie Rampen in einem **Winkel** von 20–35 Grad an, steiler sollten sie nicht sein. Im Fachhandel werden Rampen aus Weiden- oder Haselnusszweigen angeboten. Diese sind biegsam und können besonders flexibel im Gehege angebracht werden. Aber auch einfache Holzbretter eignen sich: Diese werden mit kleinen Querleisten als Trittsicherung beklebt und mehrfach lackiert. Zur Befestigung werden Ösen und Haken verwendet, damit die Rampen bei der Käfigreinigung leicht herausgenommen werden können. Auch Röhren aus verschiedenen Materialien können von einer Etage zur anderen führen, beispielsweise Stoffröhren oder Pappröhren. Dicke Äste eignen sich ebenfalls. Astgabeln sollten dabei immer nach unten zeigen, damit fallende Ratten sich nicht darin einklemmen können.

▸ *Dunkel und kuschelig,* so haben Ratten ihre Verstecke am liebsten.

Verstecke

O bwohl manche Ratten ausgestreckt und ungeschützt mitten auf einer Etage liegend schlafen, bevorzugen die meisten Ratten doch eher gemütliche Höhlen für ihr Nickerchen. Zusammengekuschelt mit den Freunden auf einem Haufen liegend zu schlafen ist vermutlich eine der Lieblingsbeschäftigungen der kleinen Pelznasen. Dafür benötigen sie natürlich den passenden Unterschlupf. Dieser sollte immer so groß sein, dass mindestens **zwei**

KEINE GITTERETAGEN!

Handelsübliche Gitteretagen sind absolut ungeeignet. Obwohl Ratten gut klettern können, achten sie mitunter nicht so genau darauf, wo sie langlaufen, und huschen eilig über das Gitter. Dabei können die Füße zwischen die Streben rutschen und schwer verletzt werden. Deshalb sollten vorhandene Gitteretagen immer ausgetauscht oder mit einem Brett abgedeckt werden.

Ratten gut hineinpassen. Als Richtwert sollte das Haupthaus für ein kleines Rudel eine Kantenlänge von 15 x 20 cm und eine Höhe von 10 cm nicht unterschreiten. Es darf aber auch nicht zu groß sein, denn Ratten mögen es eher dunkel und eng. Ich habe schon erlebt, dass sich drei Tiere in eine kleine Teekanne gequetscht haben – es war kaum noch zu erkennen, wo die eine Ratte aufhörte und wo die nächste anfing. Teekannen sind allerdings nicht unbedingt die am besten geeigneten Behausungen ...

Optimal sind Unterschlüpfe mit **zwei Eingängen**, so können rangniedere Ratten schnell rausschlüpfen, wenn eine ranghöhere Ratte in den Unterschlupf kommt. Müsste das unterlegene Tier denselben Durchgang benutzen, käme es dort eher zu Streitigkeiten. Durch einen zweiten Eingang wird dieser Stress vermieden. Alle Öffnungen von Häusern sollten einen Mindestdurchmesser von 8 cm aufweisen. Damit auch besonders runde Rattenherren bequem hindurchpassen, sind mitunter sogar 10 cm nötig. Achten Sie immer darauf, dass kleine Löcher in Häusern entweder vergrößert oder verschlossen werden, denn sonst könnte ein Tier darin stecken bleiben.

KÜHLE PLÄTZE

Klimaanlagen dürfen niemals direkt auf das Gehege zeigen und sie dürfen die Luft nur sehr wenig herunterkühlen – starke Temperaturschwankungen sind zu vermeiden. Trotzdem mögen Ratten im Sommer kühle Plätze. Diese schaffen Sie am besten so:

► Legen Sie Kacheln auf die Etagen.

► Stellen Sie eine Schüssel mit kühlem Sand auf den Gehegeboden.

► Bieten Sie erwachsenen Ratten flache Wasserschalen mit bis zu 3 cm Höhe an. Viele Ratten tauchen dort gern einmal ihre Pfötchen ein. Höhere Wasserschalen dürfen nur unter Aufsicht angeboten werden.

► Hat das Gehege eine Gitterdecke, können Sie auf eine Seite Kühlakkus legen, dann sinkt leicht gekühlte Luft hinein. Die Ratten sollten die Akkus aber auf keinen Fall annagen können.

Fertighäuser aus Holz

Im Zoofachhandel werden unterschiedliche Kleintierhäuser aus Holz angeboten. Grundsätzlich sind diese für Ratten geeignet, sie sollten aber unbedingt zusätzlich versiegelt werden (siehe Seite 28), denn Ratten markieren viel in ihren Häusern und ohne Versiegelung würden die Häuser bald stark müffeln. Häuser mit Spitzdach sehen nett aus, Ihre Nager haben aber mehr von welchen mit flachem Dach, da diese zusätzliche Aussichtsplätze bieten.

Basteltipp: Mit Buntstiften, Lebensmittelfarben, Wasserfarben oder Lacken auf Wasserbasis kann die Gehegeeinrichtung ansprechend gestaltet werden. Schöne Dekore können auch mit Serviettentechnik an Holzgegenständen angebracht werden. Schneiden Sie dazu das Motiv aus der Zellstoffserviette aus und entfernen Sie die unteren Schichten, damit nur die bunte Deckschicht übrig bleibt. Mit einem Pinsel wird nun die zu dekorierende Stelle dünn mit wasserlöslichem Holzleim eingestrichen und danach das Motiv vorsichtig aufgelegt. Anschließend wird vorsichtig eine Lage Holzleim aufgetupft. Um das Motiv sicher zu versiegeln, werden nach dem Trocknen noch zwei weitere Schichten Holzleim aufgetragen. Diese Versiegelung ist urinresistent und ungiftig.

Häuser aus Kunststoff

Gut zu reinigen und geruchsneutral sind Häuser aus Kunststoff. Allerdings haben diese den Nachteil, dass sie Feuchtigkeit nicht nach außen abgeben. **Mehrere Durchgänge** und einige Luftlöcher an der Oberseite gewährleisten eine optimale Luftzirkulation.

Nagen die Ratten viel am Kunststoff, ist Vorsicht geboten: Harte Kunststoffe bilden Splitter, welche zu Verletzungen führen können.

Weicher Kunststoff ist ungefährlicher – wird er allerdings verschluckt, werden die Weichmacher meist im Magen herausgelöst und dann entstehen auch scharfe Splitter, die den Darm verletzen können. Normalerweise werden allerdings nur die Ränder von Häusern ein wenig benagt, was meist unbedenklich ist.

Keramikhäuser

Häuser aus Keramik sind vor allem im Sommer sehr beliebte und kühle Plätze. **Glasierte Häuser** lassen sich gut sauber halten und sehen sogar schick aus.

Im Zoofachhandel werden viele passende Häuser aus Keramik angeboten, aber der eigene Haushalt bietet häufig auch so manches Schätzchen für die Ratten. Wie schon erwähnt, mochten meine Ratten eine 1-Liter-Teekanne besonders gern, durch die Tülle war hier sogar eine relativ gute Luftzirkulation gewährleistet. Es gibt noch viel mehr, was als Unterschlupf genutzt werden kann, wie auf die Seite gelegte Blumentöpfe, große Becher und Vasen. Meist werden dunkle Farben von den Tieren bevorzugt.

Unglasierte Keramik ist nicht gut geeignet – da Ratten diese markieren, riechen solche Tongefäße nach kurzer Zeit intensiv und dieser Geruch ist kaum zu entfernen.

Allerlei Röhren

Enge Gänge bieten Sicherheit und Schutz. Wild lebende Wanderratten graben sich Tunnel oder ziehen in bereits bestehende Tunnelsysteme ein. Unsere Heimtiere mögen solche Tunnel natürlich auch sehr gern – und zwar in jeder erdenklichen Variante. Bei einem **Durchmesser** von etwa 10–15 cm können die Ratten sich noch gut hindurchbewegen. Ab einer **Länge** von 40 cm wird es schwer, die Tiere in einem Rohr zu erreichen. Das kann zum Problem werden, wenn eine Ratte krank ist und eingefangen werden muss.

Röhren können nicht nur am Boden des Geheges oder im Auslauf eine Spielalternative sein. An den Käfigwänden und unter der Käfigdecke angebracht dienen sie als interessanter Aufgang und optimaler Spielplatz mit einem tollen Ausblick.

Korkröhren

Vor allem in der Terraristikabteilung der Zoofachgeschäfte werden die Rinden der Korkeiche angeboten. Diese sind häufig zu Röhren gebogen und werden auch als Korkröhren bezeichnet. Sie sind ungiftig, können mit heißem Wasser abgewaschen werden und es gibt sie in vielen Größen. Damit sind sie für das Rattenheim gut geeignet. Allerdings werden sie von den meisten Ratten gern benagt und schrumpfen deshalb mit der Zeit. Wenn sie nicht regelmäßig wirklich gründlich heiß abgeschrubbt werden, nehmen sie auch unangenehme Gerüche an.

Pappröhren

Pappröhren aller Art sind ein beliebtes Rattenspielzeug. Fragen Sie im Teppichgeschäft nach den Röhren, auf denen die Teppiche aufgewickelt sind. Bestehen sie aus Pappe, sind sie für Ratten prima geeignet. Die Röhren müssen hin und wieder ausgetauscht werden, da sie natürlich nicht urinresistent sind, dafür gibt es sie umsonst. Es ist auch möglich, Röhren selbst herzustellen: Als Grundgerüst dient hier ein länglicher Ballon mit 10–15 cm Durchmesser. Auf diesen werden mit Bastelkleber auf Was-

serbasis mehrere Schichten Zeitungspapier aufgeleimt. Abschließend wird noch einmal eine dicke Schicht Bastelkleber aufgetragen. Nach dem Trocknen wird der Ballon entfernt – und fertig ist eine robuste Spielröhre.

▲ *Eine Vase* aus Keramik wird dank kuscheliger Einrichtung zur beliebten und dekorativen Rattenhöhle.

Kunststoffröhren

Im Zoofachhandel werden Röhren für Frettchen angeboten, die ebenfalls sehr gut für Rattenheime geeignet sind. Alternativ können auch entsprechend große Kunststoffröhren oder Drainagerohre aus dem Baumarkt verwendet werden.

Tonröhren

Abflussrohre aus Keramik sind prima für Ratten geeignet. Auf dem Rattenspielplatz können auch Tonröhren angeboten werden, die im Baumarkt meist als Weinregale verkauft werden. Allerdings sind sie nicht glasiert und deshalb als Käfigeinrichtung nur eingeschränkt empfehlenswert. Neben den beinahe lebenswichtigen Häusern und Röhren können auch andere Gegenstände das Rattenheim verschönern und interessanter gestalten. Dabei sind der Fantasie kaum Grenzen gesetzt, Ratten finden fast alles interessant und spannend.

Heunester und Heuröhren?

Im Zoofachhandel werden Röhren und Kugeln aus Heu angeboten. Dabei handelt es sich um Gestelle, häufig aus Draht, die mit Heu umflochten sind. Hier ist Vorsicht angesagt: Meist werden die Heunester im Laden und im Lager ohne Schutzverpackung aufbewahrt, deshalb finden sich Schmutz, Staub und vor allem auch Parasiten darin. Werden die Nester von den eifrigen Ratten auseinandergenommen – was garantiert passiert –, können die Drahtgeflechte zu gefährlichen Fallen werden.

▶ *Solche Kunststoffröhren werden für Frettchen angeboten und eignen sich, wie man sieht, auch bestens für Ratten.*

Das seniorengerechte Rattenheim

Alte Ratten sind nicht mehr so beweglich wie ihre jungen Kollegen. Richten Sie ihnen ihr Gehege dann seniorengerecht ein: Rampen sollten dann nur noch maximal

25 Grad Steigung haben. Entfernen Sie enge Röhren und Häuser mit schmalen Eingängen, diese könnten zu Fallen werden. Hauseingänge sollten nach unten aufgesägt werden, damit die Ratten nicht stecken bleiben und ihre Füßchen nicht hoch anheben müssen. Damit der Weg zur nächsten Futterstelle nicht zu weit ist, bieten Sie Futter in der Nähe des bevorzugten Hauses an.

▲ **So ein Eimerhaus** ist schnell gebastelt und wird von den Ratzen gerne angenommen.

Kleine **Bastelecke**

Mit ein wenig Geschick können Sie auch aus günstigen Materialien schöne, nützliche und vor allem interessante Einrichtungsgegenstände für das Rattenheim bauen.

47

Und das bereitet nicht nur Ihnen jede Menge Bastelspaß – auch Ihre Ratten werden begeistert sein von ihrer neuen Inneneinrichtung.

Eimerhaus

Ratten mögen runde Formen und runde Höhlen, denn diese entsprechen ihren selbst gegrabenen Höhlen am ehesten. Das Eimerhaus verbindet alle positiven Eigenschaften, die ein Haus für Ratten haben muss: Es ist rund, es lässt sich leicht sauber halten, hat eine optimale Größe für ein kleines Rattenrudel und jeder Halter kann es superschnell basteln. Sie benötigen nur einen handelsüblichen 5-Liter-Kunststoffeimer und eine robuste Schere.

Und so geht's: Schneiden Sie den oberen Rand des Eimers ab und dann zwei sich gegenüberliegende Öffnungen als Eingänge in den Rand. Dann bohren Sie in der Nähe des Eimerbodens mit der Scherenspitze oder einem Dosenlocher noch zwei Belüftungslöcher. Schon ist das Haus fertig und kann umgedreht in die Einstreu oder auf eine Etage gestellt werden. Auf einer Etage muss allerdings mit einer auf der Lauffläche festgeklebten Leiste dafür gesorgt werden, dass der Eimer nicht herunterfallen kann.

Tipp: Statt eines Eimers können Sie auch eine ausreichend große Kunststoffschüssel in ein Rattenhaus verwandeln.

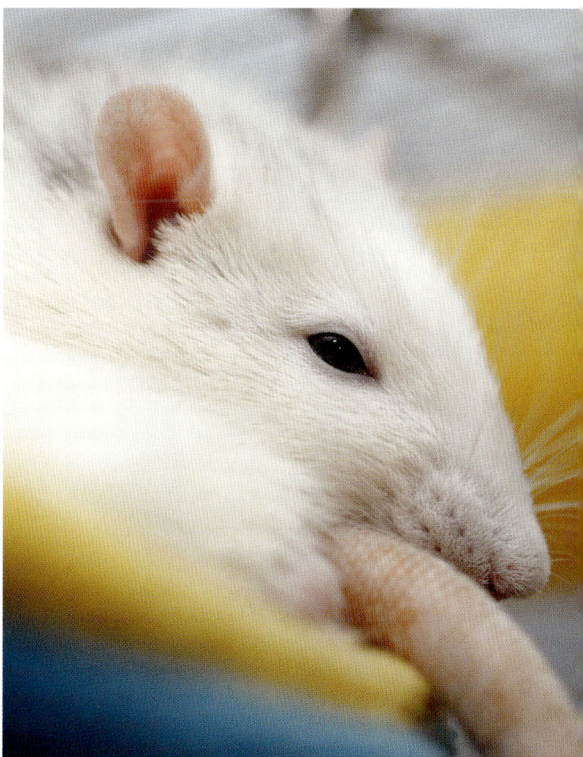

Ballonhöhle

Schnell gemacht – und genauso schnell von den aktiven Nagern zerstört – sind kleine Iglus und Röhren aus Toilettenpapier.

Und so geht's: Wickeln Sie viele Lagen Toilettenpapier um verschiedene Luftballons und befeuchten Sie sie gründlich mit Wasser. Bei normaler Raumluft benötigen die Tücher mehrere Tage, bis sie fest geworden sind, auf der Heizung geht es etwas schneller. Nach dem Trocknen werden Öffnungen hineingeschnitten und die Ballons entfernt – fertig. So schnell, wie sie erkundet werden, so schnell werden sie auch zerlegt, aber dabei haben die Ratten meist großen Spaß und so manche Ratte hat sich in so einem Klopapieriglu auch schon ein tolles Nest gebaut.

Tipp: Diese Röhren und Höhlen können Sie Ihren Ratten schon mit Papierfetzen gefüllt anbieten.

Steiniges

Aus Porenbetonsteinen wie Ytong lassen sich tolle Dinge basteln. Diese Steine sind sehr porös und gut zu bearbeiten. Da beim Bearbeiten nicht ganz ungefährlicher Staub entsteht, sollten Sie dabei immer eine Staubschutzmaske tragen und nicht in geschlossenen Räumen arbeiten.

Und so geht's: Mit einer normalen Säge können Sie diese Steine in Form sägen – so entsteht zum Beispiel schnell eine einfache Treppe für das Rattenheim.

Größere Steine können auch ausgehöhlt werden, was sogar schon mit einem Esslöffel zu bewerkstelligen ist. Mit Hammer und Meißel geht es schneller, allerdings ist das nicht ganz ungefährlich und für Ungeübte nicht zu empfehlen.

Mit einem Bohrer können Sie Löcher in die Steine bohren und von dort ausgehend Stücke herausbrechen. Nach dem Bearbeiten wird der Staub abgespült. Mit etwas Geschick und Fantasie können Sie auf diese Weise tolle Wohnlandschaften herstellen. Solche Steine dienen auch der Krallenpflege, da die raue Oberfläche die Krallen abnutzt, wenn die Ratten darauf laufen.

Tipp: Mit Zement oder Gips können sogar mehrere Steine verbunden werden und unabsichtlich abgebrochene Ecken sind damit schnell repariert. Große Kieselsteine bieten schöne Hindernisse im Gehege und dienen zudem der Krallenpflege.

◄ *Kuschelhöhlen aus Stoff* *sind äußerst beliebt, werden allerdings auch gerne angeknabbert und müssen regelmäßig gewaschen werden.*

Kuscheliges

Ratten kuscheln nicht nur gern miteinander, sie wissen auch kuschelige Betten zu schätzen. Rollen, Schlafsäcke und Höhlen aus Stoff sind sehr beliebt. Dafür sollte ein möglichst robuster Stoff aus Naturmaterialien wie Leinen oder Baumwolle verwendet werden. Synthetische Stoffe sind nur schwer verdaulich, mitunter auch elastisch, und reißen nicht. Wenn sich Fäden davon um die Gliedmaßen der Tiere wickeln, kann das gefährlich werden. Außerdem kann es passieren, dass die Ratten den Stoff nicht nur zernagen, sondern auch verschlucken, was bei den schwer verdaulichen Kunstfasern gefährlich ist. Die Stoffe sollten grundsätzlich vorher mehrfach gewaschen werden, um sie von allen Chemikalien aus der Herstellung zu befreien. Ausgewaschene alte Kleidung oder Haushaltstextilien eignen sich besonders gut.

Und so geht's: Die einfachste Variante ist die Jeansrolle. Dazu wird einfach ein Hosenbein von einer alten Jeans abgeschnitten und an den Enden mehrfach umgeschlagen. Dadurch werden die Öffnungen des Hosenbeins so stabil, dass die Jeansrolle nicht in sich zusammenfällt. Dann werden die Enden umnäht und schon ist die Röhre einsatzbereit. So eine Jeansröhre kann auch im Gehege als Aufgang verwendet werden.

Leinentücher werden ganz einfach zur Kuschelhöhle: Das Tuch wird einmal umgeschlagen und an den Seiten zusammengenäht, damit nur vorne eine Öffnung bleibt. Gefüllt mit Papierfetzen wird diese kleine Tasche zum kuscheligen Rattennest.

Tipp: Wenn Sie keine Nähmaschine haben, können Sie Stoffröhren und Stoffnester auch im Zoofachhandel kaufen.

LINKTIPP

Viele tolle Nähanleitungen für Kuschelsachen finden Sie auf dieser Homepage: *www.spikeskleinewelt.de*

Kleine Bastelecke

49

▲ **Ein must have** in jedem Rattenheim: mindestens eine Hängematte.

Hängematten

Ein Schläfchen in der Hängematte – gibt es was Schöneres? Wir können diesen Luxus meist nur im Sommer im Garten genießen, aber die Fellnasen sollten jederzeit (mindestens) eine Hängematte in ihrem Gehege haben.

Und so geht's: Alte Geschirrtücher oder Leinentaschen eignen sich hervorragend als Hängematten. Testweise können diese einfach mit Wäscheklammern am Gitter befestigt werden. Ist der richtige Platz für die Hängematte gefunden, sollten Ösen eingeschlagen und die Hängematte mit Karabinerhaken am Gitter befestigt werden. Schnüre werden von Ratten schnell durchgenagt, eignen sich also nur bedingt.

Tipp: Handarbeitsmuffel können auch Hängematten bereits fix und fertig kaufen.

Papplabyrinthe

Aus mehreren kleinen Kartons können spannende Labyrinthe gebastelt werden. Und so geht's: Schneiden Sie 10–15 cm große Öffnungen in die Kartonagen und kleben Sie sie so zusammen, dass die Ratten von einem Karton zum nächsten klettern können. Verstecken Sie Futter darin und lassen Sie die Ratten danach suchen.

Tipp: Haben Sie einen richtig großen Karton, können Sie diesen schnell in ein anspruchsvolles Labyrinth umfunktionieren (siehe Seite 74). Schneiden Sie die Deckelklappen ab, zeichnen Sie ein großzügiges Labyrinth auf den Kartonboden und kleben Sie die zurechtgeschnittenen Deckelklappen anschließend als senkrechte Wände entsprechend darauf. Damit diese Wände bis zum Trocknen halten, fixieren Sie sie mit Stecknadeln, die wieder entfernt werden, sobald der Kleber getrocknet ist.

Das Fummelbrett

Ratten sind intelligent und neugierig – und können sich ihr Futter problemlos selbst „erarbeiten". Probieren sie es aus! Sie und ihre Tiere werden viel Spaß haben.

Und so geht's: Sie benötigen zwei etwa 1,4 cm dicke und 25 x 35 cm große Holzplatten. In eine davon werden Löcher mit einem Durchmesser von etwa 4 cm gebohrt. Beide Platten werden aufeinandergeklebt – nun fehlen nur noch die Deckelchen. Dafür sägen Sie beispielsweise ovale oder tropfenförmige Holzscheiben zurecht. Jede Form ist möglich, es kommt nur darauf an, dass die Löcher abgedeckt werden. Die Deckel werden über die Löcher gelegt und jeweils mit einem Nagel befestigt. Wichtig: Sie sollten so locker über den Löchern liegen, dass sie leicht zur Seite geschoben werden können. In den Löchern werden Leckerchen versteckt und die Ratten müssen lernen, diese herauszuholen (siehe Seite 74).

Tipp: Einige Firmen bieten diese Geschicklichkeitsspiele bereits speziell für Nager und Kaninchen an.

Ausla

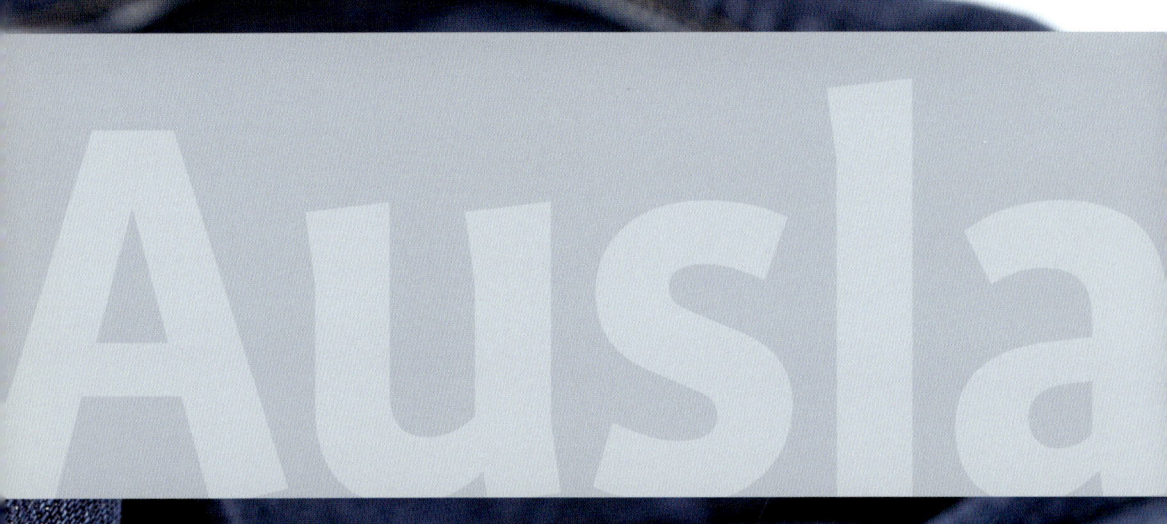

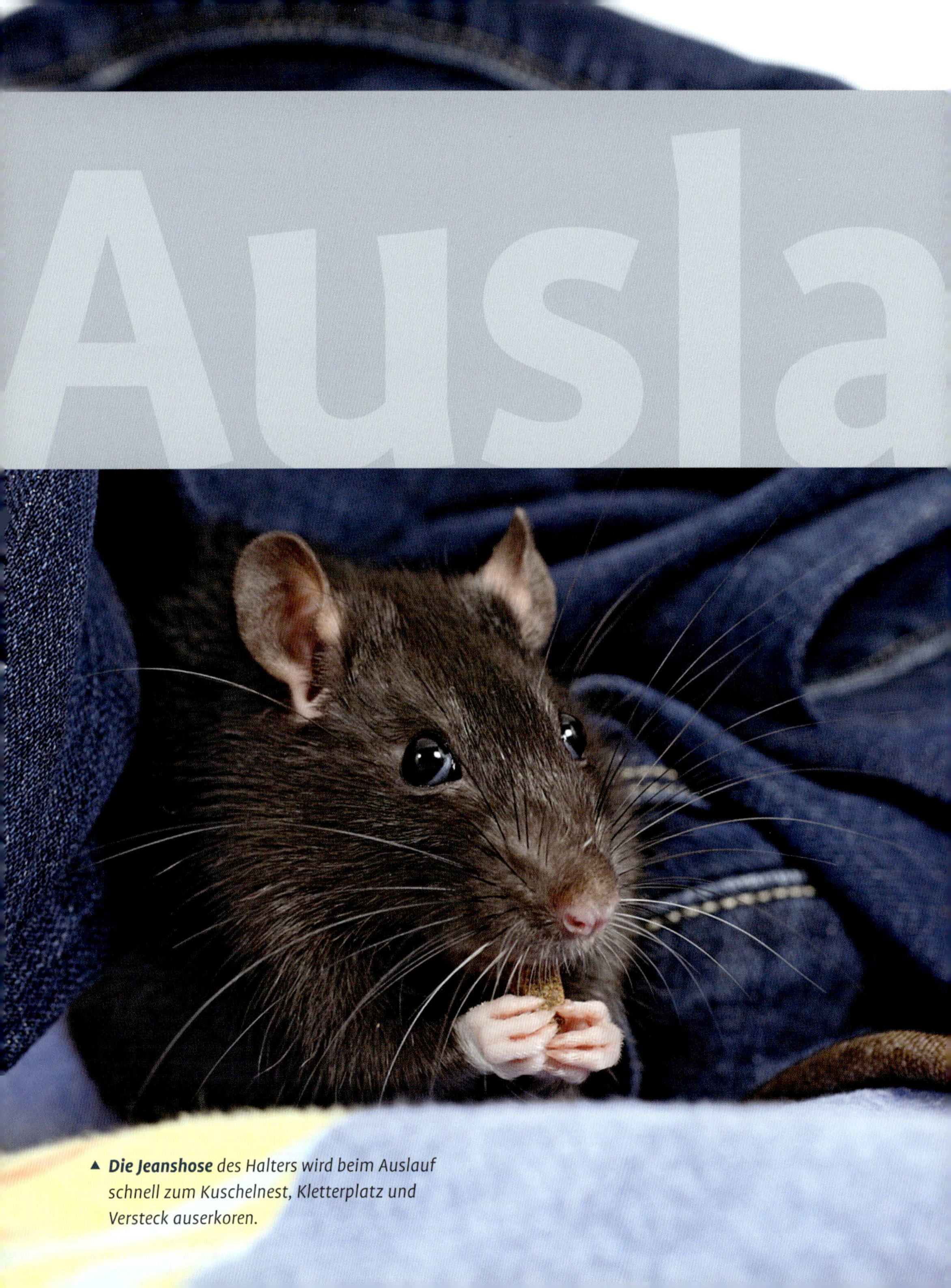

▲ ***Die Jeanshose*** *des Halters wird beim Auslauf schnell zum Kuschelnest, Kletterplatz und Versteck auserkoren.*

Auslauf

Durch die Gegend flitzen, mit Artgenossen herumtoben, die Umgebung erkunden und ihren Menschen näher kennenlernen – das möchte jede Ratte gern.

Die munteren Nager sind neugierig und aktiv, ihnen reicht die kleine Welt ihres Geheges nicht aus. Damit sowohl Ihre Ratten als auch Ihre Wohnung den Tatendrang der munteren Tierchen gut überstehen, sollten Sie unbedingt für Sicherheit beim Auslauf sorgen.

Ein Spielplatz für Ratten

So gern Ihre Ratten auch jeden Winkel der Wohnung untersuchen würden, ist ein Auslauf ohne Grenzen nicht immer ungefährlich. Sind die Ratten nicht völlig zahm, verschwinden sie nur zu schnell unter dem Bett, hinter dem Schrank oder in Winkeln, von denen Sie nicht einmal wussten, dass sie existieren … Deshalb ist es gerade anfangs empfehlenswert, den neugierigen Fellnasen nur einen begrenzten Bereich als Auslauf anzubieten.

Ich möchte nicht verschweigen, dass die kleinen Ausbruchskünstler allerdings nahezu jede Absperrung doch irgendwann bewältigen, aber mit etwas Glück dauert es eine Weile, bis sie dahinterkommen. Deshalb sollten Ratten niemals ohne Aufsicht in den Auslauf dürfen.

Gekaufte Auslaufabgrenzungen

Im Fachhandel werden verschiedene Gitterelemente für den Gartenauslauf von Meerschweinchen und Kaninchen angeboten. Bei einigen ist der Gitterabstand eng genug, damit unsere Ratten sich nicht hindurchquetschen können.

Diese Gitterausläufe bestehen aus mehreren Teilen, sind etwa 60–80 cm hoch und können variabel aufgestellt werden. Die Gitterstreben sollten auf jeden Fall senkrecht sein, sonst sind sie keine Herausforderung für die kleinen Kletterkünstler. Aus mehreren dieser Gitterelemente kann leicht eine Auslaufabgrenzung für den Rattenspielplatz aufgestellt werden.

Die kleinen Racker klettern zwar auch an senkrechten Streben hoch, aber sie verlieren meist schnell die Lust an diesem aufwendigen Unterfangen – zumindest, solange der Spielplatz selbst aufregend gestaltet ist und tolle Beschäftigungsmöglichkeiten bietet.

▲ *Gemeinsam* wird vorsichtig unbekanntes Terrain erkundet.

Auslaufbegrenzungen selbst basteln

Sicherer und meist auch günstiger sind selbst gebaute Auslaufbegrenzungen.

Und so geht's: Im Baumarkt gibt es durchsichtiges Bastlerglas und bunte Hartgummiplatten in der Größe 50 x 50 cm, alternativ können Sie sich günstige Hartfaser- oder OSB-Platten zurechtschneiden lassen. Diese Platten werden mit Gewebeklebeband so locker miteinander verbunden, dass sie sich noch leicht zusammenklappen lassen. Auf diese Weise können Sie eine große und variable Auslaufbegrenzung erstellen, die von Ihren tierischen Mitbewohnern nicht so leicht erklommen werden kann. Wenn Sie für die Vorderfront durchsichtiges Bastlerglas verwenden, können Sie Ihre Ratten im Auslauf schön beobachten.

Geschickten Tieren gelingt es vor allem an den Ecken mit dem Klebestreifen, an der Absperrung hochzuklettern. Wird allerdings der Klebestreifen nur auf der Außenseite angebracht, ist der Auslauf nicht sehr stabil.

Die Welt entdecken

Zeigen die Ratten keine große Scheu mehr und lassen sie sich hochnehmen, dürfen sie in den Auslauf. Scheue Tiere sind kaum wieder einzufangen und das Jagen durch den Auslauf bedeutet für Tier und Mensch großen Stress und zerstört jedes schon aufgebaute Vertrauen (siehe Seite 13). Bieten Sie zuerst nur kleine Bereiche an und setzen Sie sich dazu. Als einziges Spielzeug im Auslauf wird der Mensch schnell sehr interessant. Schon bald klettern die

KLEINE FRISÖRE

Passen Sie gut auf, wenn eine Ratte auf Ihren Schultern herumkrabbelt. Eben noch schnüffelt sie lustig kitzelnd an Ihren Ohren, im nächsten Augenblick versucht sie schon, sich aus Ihren Haaren ein Nest zu bauen – und ruiniert dabei Ihre Frisur. Ich habe eigentlich lange Haare, aber nachdem ich einmal mit einer Ratte auf der Schulter eingeschlafen war, hatte ich danach einen wilden Stufenschnitt ...

▶ *Zahme Ratten* genießen die Nähe zu „ihrem" Menschen – und die Aussicht von seiner Schulter.

Fellnasen auf Ihnen herum und erkunden jeden Winkel, den sie erreichen können. Dabei nagen sie auch manchmal spielerisch an den Fingernägeln und versuchen, diese zu putzen. Das kann schon recht ruppig vonstatten gehen – wird es schmerzhaft, dann wehren Sie sich vorsichtig. Beißt die Ratte fest zu, dürfen Sie das Tier auf keinen Fall schlagen oder fallen lassen. Setzen Sie die Ratte in so einem Fall ab, beruhigen Sie sich und geben Sie dem Tier ebenfalls Zeit, sich abzuregen. Nähern Sie sich dann wieder vorsichtig. Es gibt leider Angstbeißer, die schwer zu zähmen sind, da müssen Sie dann viel Ruhe und Geduld mitbringen. Strafen bringen nichts und verschlimmern nur die Angst.

Mit der nötigen Gelassenheit und Nachsicht wird der Mensch ein Mitglied des Rattenrudels: Er wird markiert und geputzt – und sollte mit vielen Streicheleinheiten diese „Liebesbeweise" erwidern.

▶ **„Was hier wohl drin ist?"** Eine neugierige
Fellnase erkundet ein Jeanshosenbein.

Die ersten Schritte

Der erste Auslauf darf Ihre Ratten nicht über-
fordern und es wäre optimal, wenn die Tiere
selbst bestimmen, wann es so weit ist. Zu diesem Zweck sollte der Auslaufbereich vor dem
Gehege aufgebaut werden, damit die Fellnasen
von ihrem Revier aus das unbekannte Terrain
langsam erkunden können. Bieten Sie eine
sichere Rampe aus dem Gehege an und stellen Sie noch nicht zu viele Spielgeräte in den
Auslauf. Eine zum Auslauf führende Spur aus
Lieblingsfutter lässt die Furcht vor der fremden
Umgebung schnell vergessen. Manche Ratten
stürmen sofort los und können es kaum abwarten, irgendwelchen Unfug anzustellen, andere
brauchen sehr lange, um sich auf die „neue
Welt" einzulassen. Verlieren Sie nicht die Geduld – Ihre Ratten geben das Tempo vor. Wenn
eine Ratte ihre sichere Umgebung noch nicht

verlassen möchte, wäre es falsch, sie einfach zu
fangen und herauszusetzen. Nur wenn die Tiere
über viele Tage ängstlich bleiben, aber schon an
die Menschenhand gewöhnt sind, kann diese
Möglichkeit zur Barrierenüberwindung eingesetzt werden.

Auf dem Sofa: Ist es nicht möglich, den Auslaufbereich direkt am Gehege anzubieten, können
zahme Ratten zu Anfang auch mit auf das Sofa
genommen werden. Dieses sollte mit einer
dicken Decke gegen die Ausscheidungen der
Ratten geschützt werden. Der vertraute Mensch
bietet den Tieren hier Sicherheit und dient als
Versteckmöglichkeit und Kletterburg (siehe
Seite 13). Die meisten Ratten verlassen erhöhte
Auslaufgebiete wie Sofas nicht. Sie springen nur
dann herunter, wenn sie genau wissen, was sich

Stubenreine Ratten?

Ein leidiges Thema. Eigentlich sind Ratten sehr reinliche Tiere und können eine Nagertoilette benutzen. Aber das ist nur die halbe Wahrheit … Gerade im Auslauf ist der Weg zur nächsten Toilette oft zu weit und außerdem muss ja auch das neue Revier **markiert** werden. Also urinieren Ratten meist völlig ungeniert überall im Auslauf. Wenn sie sich erschrecken oder sehr aufgeregt sind, kötteln sie auch in den Auslauf und manche Ratten verlieren ihre Ausscheidungen ohnehin wo sie gehen und stehen. Auch der Halter wird nicht verschont, was eigentlich sogar schon fast ein Liebesbeweis ist, denn Ratten markieren ihre Rudelmitglieder, indem sie über sie hinwegkrabbeln und dabei einige Tropfen Urin verlieren. Das machen sie auch mit ihrem Halter, der ja für gewöhnlich ohnehin „viel zu sauber" riecht.

Wer also mit Ratten spielen möchte, sollte sich darauf einstellen, angepinkelt zu werden – und das kann auch unangenehm riechen.

unter ihnen befindet, es sei denn, sie werden gejagt, stehen massiv unter Stress oder haben aufgrund von Krankheiten eine eingeschränkte Wahrnehmung. Langweilen sie sich, stehen sie allerdings bald neugierig am Rand, beugen sich mit zuckendem Schwanz und aufgeregt schnuppernder Nase immer weiter vor und die Vorderpfoten rutschen immer tiefer. Irgendwann trauen sie sich dann meist doch herunter und ich habe die Erfahrung gemacht, dass Ratten, die einmal den Auslaufbereich auf dem Sofa verlassen haben, dies immer wieder tun und dann nicht mehr oben zu halten sind. Deshalb sollten sie gut beaufsichtigt und beschäftigt werden, denn eine gelangweilte Ratte sucht sich ihre Beschäftigung gerne selbst – ob es nun das Zerlegen einer Decke oder eines Buches ist oder eben der Auslauf in der ganzen Wohnung.

Aus diesem Grund sollte der Boden des Auslaufbereiches immer mit waschbaren Tüchern und Decken ausgelegt werden. Natürlich ist es ebenso möglich, einen großen PVC-Rest auszulegen, dabei muss aber unbedingt darauf geachtet werden, dass die Ratten die Ränder nicht erreichen können. Wird Kunststoff angenagt, kann das schwere gesundheitliche Konsequenzen nach sich ziehen. Deshalb eignen sich Plastikplanen oder Wachstischdecken für den Auslauf nur sehr eingeschränkt, sie schlagen zu leicht Falten und bieten so die ideale Angriffsfläche für Rattenzähne.

Gefahren beim Auslauf

Eine Menschenwohnung ist nur selten rattensicher und es lauern dort viele Gefahren für Ratten.

Zimmerpflanzen: Ratten wühlen mit Begeisterung in Blumenerde und zerlegen Zimmerpflanzen. Entfernen Sie daher alle giftigen Pflanzen aus dem Raum und stellen Sie alle anderen hoch.

Kabel: Vor allem die Ummantelung aus Gummi beziehungsweise Kunststoff wird mit Begeisterung angeknabbert. Damit Ihre Tiere keinen Stromschlag bekommen und Telefon und Computer auch weiterhin funktionieren, müssen alle Kabel sicher verlegt werden: in Kabelkanälen, hoch an der Wand entlang oder unter Teppichen und Fußleisten. Oder Sie verbannen alle elektrischen Geräte aus dem Rattenzimmer.

▼ *Auch Papierkörbe sind vor Ratten nicht sicher. Kein Wunder: Hier findet sich ja auch meist tolles Nistmaterial zum Sammeln.*

Steckdosen: Um jede Gefahr auszuschließen, werden diese mit Kindersicherungen versehen.

Käfiggitter: Beim Freilauf nutzen Ratten gern das Gehegegitter an der Außenseite als Klettergerüst. Da dort aber keine Etagen sind, können die Tiere aus großer Höhe fallen. Wenn Sie den unteren Gitterrand mit Bastlerglasscheiben abdecken, können die Ratten daran nicht hochklettern.

Gardinen: Die für uns so harmlose Dekoration kann zur echten Rattenfalle werden. In grobmaschigen Gardinen können sich Ratten verfangen und einwickeln, was lebensgefährlich enden kann. Außerdem klettern Ratten liebend gern an den Vorhängen hoch, kommen allerdings nur schlecht wieder runter und hängen dann oben an der Gardine, haben Panik und fallen irgendwann in die Tiefe. Im Rattenzimmer ist daher ein Raff- oder Zugrollo die bessere Alternative. Die Zugschnüre müssen hochgelegt werden, damit die Ratten sie nicht abnagen.

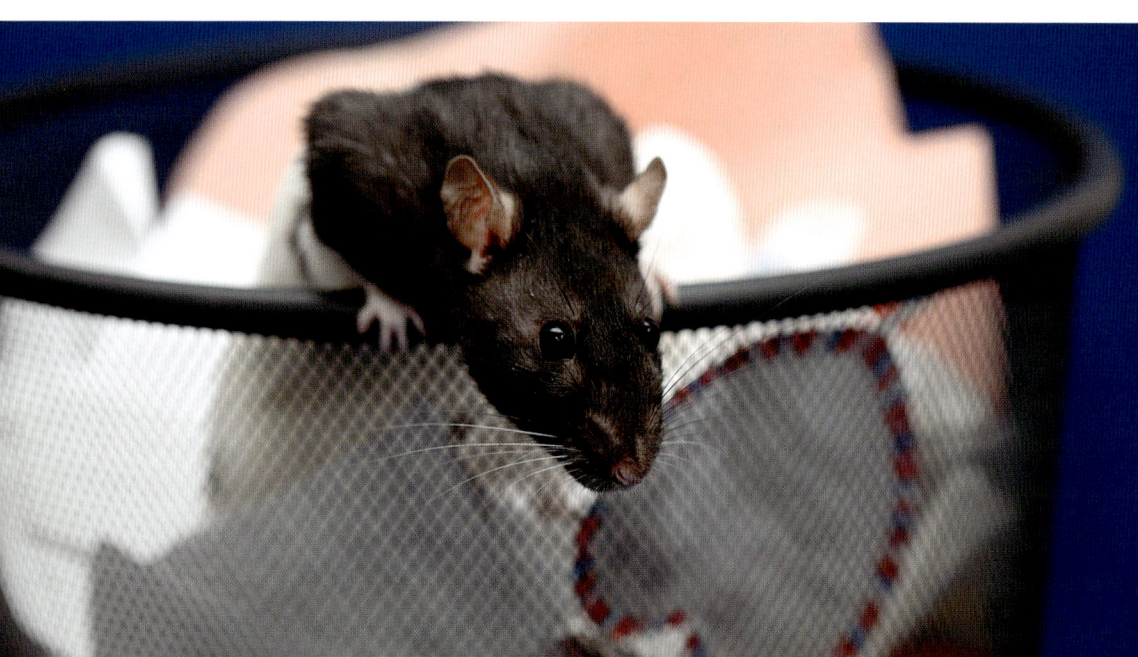

Türen und Fenster: Durch Türen können Ratten lebensgefährlich eingequetscht, gestoßen oder weggeschleudert werden. Komplett geöffnete oder gekippte Fenster sind ein Weg in die Freiheit, die allerdings für die an Komfort gewöhnten Ratten nicht empfehlenswert ist. Also müssen beim Auslauf alle Fenster geschlossen bleiben. An der Tür wird am besten ein Warnschild angebracht, damit sie von außen nur vorsichtig geöffnet wird.

Hund, Katze und Co.: Ratten passen perfekt in das Beuteschema von Katzen und Hunden. Auch wenn die großen Vierbeiner gut erzogen sind und „nur spielen" wollen, kann die direkte Begegnung für die kleinen Nager tödlich enden. Sogar viele frei fliegende Vögel können den Ratten gefährlich werden, und dass Reptilien manche Ratte zum Fressen gern haben, muss ich kaum erwähnen. Ratten hingegen jagen kleinere Nager wie Mäuse oder Hamster. Daher müssen alle anderen Tiere den Raum verlassen, wenn Ratten Auslauf haben.

KREATIVE INNEN-DEKORATEURE

Die kleinen Racker haben Krallen und Zähne und setzen diese gern ein. Sie ziehen Tapeten von den Wänden, ruinieren Teppiche, Schuhe und Kleidungsstücke, zernagen Möbel und verwandeln Bücher in Nistmaterial. Sie sollten also besser alles, was Ihnen lieb und teuer ist, vor ihnen in Sicherheit bringen.

Menschen: Ratten sind flink und immer dort, wo man sie nicht vermutet. Alle Mitbewohner müssen deshalb auf den Auslauf der Ratten hingewiesen werden. Schnell ist so eine Ratte unter dem Fuß, tragen Sie daher am besten nur Socken und treten Sie vorsichtig auf. Bevor Sie auf dem Sofa oder Bett Platz nehmen, tasten Sie es gründlich ab, damit Sie sich nicht versehentlich auf einen Ihrer Nager setzen, der da unter der Decke oder hinter einem Kissen steckt.

Zigaretten und Co.: Ein einziger Zigarettenstummel ist tödlich, wenn die Ratte ihn frisst. Zigaretten und volle Aschenbecher sind im Rattenzimmer tabu! Achten Sie peinlich genau darauf, dass keine Giftstoffe in Reichweite der Ratten sind, entfernen Sie Gläser mit heißen Getränken oder Alkohol, Chemikalien und Putzmittel, Parfüms und Kosmetika sowie Klebstoffe und Plastikverpackungen.

◄ *Aufgepasst: Wenn Ratten Auslauf haben, sollte man sich besser vorsichtig hinsetzen …*

Extra: Tapeten sichern

Manche Ratten nagen und ziehen mit Begeisterung Tapeten von den Wänden. Um das zu verhindern, gibt es verschiedene Möglichkeiten: Kleben Sie eine durchsichtige, selbstklebende Folie (z. B. Verglasungsfolie) waagerecht über die Tapete. So haben die Ratten keinen Ansatzpunkt zum Nagen und Urinspritzer können leicht abgewischt werden. Oder Sie malen etwa 80 cm hohe Hartfaserplatten bunt an und kleben oder nageln sie an die Wand. Mit einer Zierborte am oberen Rand sieht das sogar sehr dekorativ aus. Achten Sie darauf, dass die Übergänge gut aneinanderliegen. Stellen Sie einen Auslauf aus Bastlerglas oder Hartfaserplatten (siehe Seite 54) vor die Wände.

Spannender Auslauf

Ratten müssen immer etwas erkunden, erklettern und beschnüffeln. Eine abwechslungsreiche Auslaufgestaltung bietet dazu die Möglichkeit. So können Sie aus verschiedenen Röhren schöne Tunnelsysteme zusammenstellen. Katzenkratzbäume sind optimale Klettergeräte. Zusätzlich können dicke Seile dazwischen gespannt werden. Auch Pappkartons, Papiertüten, Zeitungen, Stoffreste, Kuscheldecken und noch vieles mehr (siehe Seite 31) können den Auslauf anregend gestalten. Dabei dürfen die kleinen Racker aber nicht überfordert werden. Stellen Sie nicht jeden Tag alles um, denn auch Ratten sind Gewohnheitstiere. Haben die Nager nicht die Möglichkeit, vom Auslauf direkt ins Gehege zu gehen, müssen Sie im Auslauf unbedingt immer Futter, Wasser und mehrere sichere Unterschlüpfe anbieten.

Auslauf beenden: Beenden Sie den Auslauf immer zu einer bestimmten Zeit und leiten Sie das mit Ritualen wie der Fütterung, bestimmten Worten, dem Klingeln eines leisen Glöckchens oder Ähnlichem ein und belohnen Sie die Racker, wenn sie in das Gehege gehen. Bei scheuen Ratten hilft ein Trick: Stellen Sie einen Karton mit einer kleinen Öffnung und einem Leckerchen darin in den Auslauf. Mit etwas Glück schlüpfen die neugierigen Tierchen in die verlockende dunkle Höhle und können dann im Karton in ihr Gehege zurückgebracht werden.

Kein Sonntagsspaziergang

Transportiert werden sollten Ratten nur im Notfall, die kleinen Nager bleiben am liebsten in ihrem vertrauten Revier. Dort sitzen manche auch gerne mal auf der Schulter ihres Halters und studieren neugierig oder auch ein wenig ängstlich die Umgebung. Außerhalb der Wohnung können die fremden Geräusche und Menschen aber selbst die zahmste Ratte so erschrecken, dass sie von der Schulter springt. Dabei kann sie sich schwer verletzen oder sie läuft weg und ist auf Nimmerwiedersehen verschwunden. Wenn ein Transport nötig ist, dann also richtig: außerhalb der Wohnung nur in einer geeigneten Box!

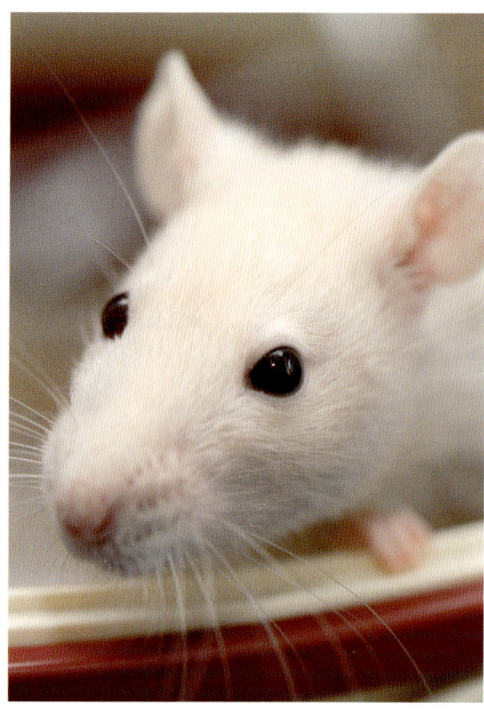

◀ „**Von hier oben** hat man eine tolle Aussicht!" Ratten wollen gern hoch hinaus.

Aktive Ratten

Die energiegeladenen Fellbündel brauchen immer wieder neue Anregungen, damit sie ihren Auslauf nutzen und sich nicht langweilen.

63

Wie wäre es mit etwas Gymnastik, einem Eiertanz, einem Hindernislauf oder der Suche nach Bodenschätzen? Es gibt viele Möglichkeiten, die intelligenten Ratten sinnvoll zu beschäftigen.

Futterspiele

W ilde Ratten verbringen viel Zeit mit der Futtersuche. Auch unsere Hausgenossen durchwühlen gerne ihre Umwelt nach Fressbarem – dabei ist es völlig egal, ob im Gehege ein voller Futternapf steht, denn selbst gesammelt schmeckt immer noch am besten.

Grundvoraussetzung für die Futterspiele ist eine gute Beobachtungsgabe des Halters, denn die Ratten werden sich nur anstrengen, wenn das Futter erstrebenswert ist. Achten Sie also bei der Fütterung gut darauf, welches Futter zuerst verschwindet und welche Ratte was besonders gern mag, und befüllen Sie damit die Futterspielsachen.

◄ *„Was ist das* da unter meiner Pfote?" Schüsseln mit unterschiedlicher Einstreu bieten Abwechslung.

Streckübungen

Die Nase voran, hoch aufgereckt auf den vorderen Fußballen und glücklicherweise vom Schwanz gestützt, reckt sich die Ratte zum Leckerchen. Man glaubt nicht, wie lang so eine Ratte werden kann. Probieren Sie es einfach selbst aus und bieten Sie Gemüse doch einmal an einem kleinen Seil an.

Seilspringen: Fädeln Sie Gemüsestückchen an einem Seil aus Naturfaser, z. B. einem Sisalseil auf und hängen Sie es quer auf. Anfangs sollte es noch knapp über dem Boden baumeln, damit die Ratten sehen, was dort zu finden ist. Kennen die Tiere das Spiel, darf das Seil so hoch hängen, dass sie schon fast springen müssen, um an die Leckerei zu kommen. Und das werden sie – wenn es sich lohnt.

Futter am Spieß: Kaufen Sie einen Futterspieß im Fachhandel, bestücken Sie ihn mit Gemüse und befestigen Sie ihn dann am Gitter oder an einem Spielgerät. Das untere Spießende muss am Boden aufliegen, denn frei schwingende Spieße sind gefährlich und schlagen den Tieren regelrecht auf die Nase.

Ernten: Futterbäume sind sehr beliebt. Dafür werden Zweige senkrecht in die Öffnungen eines Ziegelsteines, einen mit Löchern präparierten Porenbetonstein oder einen Klumpen Ton gesteckt. An diesen senkrechten Zweigen wird das Futter aufgespießt. Alternativ können Sie Rispen, Ähren und kleine Kräuterbüsche mit Holzwäscheklammern an den oberen Gittern befestigen.

Papprollen lecker gefüllt

Verschiedene Papprollen, wie leere Toiletten- oder Küchenpapierrollen, können eine kleine Herausforderung werden. Legen Sie dazu ein Leckerchen in die Mitte und stopfen Sie von beiden Seiten Papier oder Haushaltstücher hinein. Manche Ratten strengen sich nun sehr an, um an die Leckerei zu kommen. Andere verstehen gar nicht, was das alles soll – sie dürfen die Rolle mit dem Leckerchen erst einmal ohne Papier kennenlernen.

Futterversteck

Verstecktes Futter ist grundsätzlich interessant, deshalb sollte auch immer ein Teil des Trockenfutters im Auslauf versteckt werden. Wickeln Sie das Futter in Taschentücher und deponieren Sie es in Röhren oder auf Spielgeräten. Noch interessanter werden diese Futternester, wenn sie zusätzlich in Eierkartons stecken.

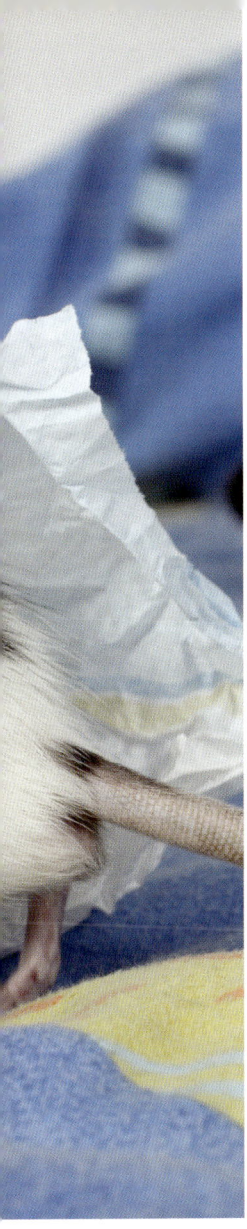

Rascheltüte

Eine leere Brötchentüte aus Papier kann ja so interessant sein. Sie riecht lecker, und darin befindliche Krümel sind heiß begehrt. Verschließen Sie die Tüte vorne ein wenig und warten Sie ab. Schon bald werden Ihre Ratten Mittel und Wege finden, in die Tüte zu gelangen.

Eiertanz

Als Beschäftigung für größere Rattengruppen darf auch gern einmal ein ganzes, hart gekochtes Ei mit Schale angeboten werden. Es ist richtig spannend, zu beobachten, wie unterschiedlich die einzelnen Familienmitglieder mit so einer Herausforderung umgehen und das Ei schließlich knacken.

Gemüseangeln

Vor allem im Sommer ein beliebtes Vergnügen. Nehmen Sie eine flache Schale, z. B. eine Auflaufform, und füllen Sie etwas lauwarmes Wasser hinein. Dann verteilen Sie Gemüsestückchen darin. Einigen Ratten macht das Angeln nach Futterstücken richtig Spaß. Manch eine springt beherzt in das Wasser, andere hingegen schütteln ihre Pfoten, sobald sie nass werden, und versuchen, dem Wasser beim Angeln nicht zu nahe zu kommen.

Natur pur

Graswiesen, Moose und Naturmaterialien regen die Sinne an und bieten eine herrliche Abwechslung. Bringen Sie von Ihrem nächsten Spaziergang doch einmal etwas mit. Allerdings sind unsere Heimtiere nicht mehr an alle Keime aus der Außenwelt gewöhnt, deshalb sollten die Naturmaterialien möglichst sauber sein.

Laubhaufen: Der Blätterberg am Boden ist tabu, denn hier schimmelt und gärt es gewaltig. Aber frisch gepflückte Blätter sind bis in den Herbst hinein eine willkommene Beschäftigung. So ein Blätterhaufen im Karton wird gern durchwühlt.

Trockenmoos: Wenn im Garten das Moos den Rasen überwuchert, sollten Sie die Gelegenheit nutzen, das Moos ernten und es im Heißluftofen bei 50 °C oder auf der Heizung trocknen. Trockenmoos ist nicht nur ein tolles Nistmaterial, darin kann auch Trockenfutter verteilt werden.

Kleine Wiese: Ziehen Sie kleine Graswiesen selbst im Topf. Auf ungedüngter Erde oder einigen Lagen feuchter Küchentücher werden Grassamen oder auch verschiedene Getreidesorten ausgesät und feucht gehalten. Ist das Gras hoch genug, bieten Sie es den Ratten zum Auseinandernehmen an.

SOMMERLICHES BADEVERGNÜGEN

Manche Ratten nehmen gern ein Bad. Ratten können zwar gut schwimmen, dürfen aber nicht dazu gezwungen werden. Bieten Sie eine kleine Wanne an, aus der die Tiere leicht herausklettern können. Ein Handtuch oder ein Podest in der Wanne hilft dabei. Die nassen Ratzen dürfen nicht auskühlen, daher ist so ein Bad nur bei sehr warmen Temperaturen empfehlenswert.

Aktivspiele

R atten wollen nicht immer nur fressen und Futter suchen. Die kleinen Quirle haben viele andere Bedürfnisse – beispielsweise laufen, sammeln, buddeln, schnüffeln und klettern sie gerne.

Hürdenlauf

Ein Hindernisparcours aus verschiedenen Röhren, Treppen, Bausteinen und mehr kann richtig Spaß machen. Dabei sind Ihrer Fantasie keine Grenzen gesetzt, achten Sie aber darauf, dass alles sicher miteinander verbunden ist, nichts wackelt und dass die Tiere nirgendwo tief fallen, sich einklemmen oder verletzen können.

▼ **Absolut nichts** ist vor Ratten sicher und sie passen immer irgendwie hinein …

Sport

Laufgeräte sind immer nur ein Zusatzangebot in einem großen und abwechslungsreich gestalteten Auslauf.

Laufräder haben im Gehege nichts zu suchen, im Auslauf nutzen manche Ratten sie aber gerne. Allerdings gibt es nur wenige Laufräder, die wirklich geeignet sind. Das Rad muss einen Durchmesser von mindestens 40 cm haben, damit beim Laufen die Wirbelsäule des Tieres keinen Schaden nimmt. Die Lauffläche muss völlig geschlossen sein, denn in Gittern oder angenagten Stofflaufbändern können die Ratten stecken bleiben und sich verletzen. Die Eingangsseite des Rades darf keine Haltestreben besitzen und die Rückseite mit der Aufhängung muss komplett geschlossen sein. Solche Räder sind bisher nur im Versandfachhandel zu bekommen. Da sie meist aus Holz sind, sollten sie auf jeden Fall lackiert werden (siehe Seite 28).

Laufteller sind im Auslauf eine Fitness-Alternative zum Laufrad: Dabei läuft eine an den Seiten leicht nach innen gebogene Scheibe auf einem Kugellager. Diese Laufteller gibt es im Fachhandel. Achten Sie auf einen Durchmesser von mindestens 30 cm, besser 40 cm, sonst biegt sich der Rücken beim Laufen zu stark zur Seite, was die Wirbelsäule sehr belastet. Gefährlich kann es werden, wenn die Ratte darauf zu schnell läuft und dann abrupt stehen bleibt, denn die Fliehkräfte sorgen dann dafür, dass die Ratte unsanft vom Teller geschleudert wird. Polstern Sie deswegen die Umgebung mit Kissen aus.

Buddelkisten

Ratten wühlen und graben für ihr Leben gern. Gelegenheit dazu bekommen sie mit großen Buddelkisten. Diese Buddelkisten werden mindestens 20 cm hoch mit Spiel- oder Chinchillasand, einem Erde-Sand-Gemisch, ungedüngter Erde oder Einstreu (siehe Seite 31) befüllt. Feuchte Erde oder Torf ist ungeeignet, die Ratten dürfen nicht nass werden, da sie sich sonst zu schnell erkälten, zudem ist Torf zu sauer und schädigt das Fell.

Als Buddelkisten bieten sich überdachte Katzentoiletten an, denn hier bleibt ein großer Teil des Buddelmaterials drin. Auch ausgediente Aquarien, große Pappkartons oder Wäschewannen sind geeignet.

Papierchaos

Ratten lieben es, Papier einzusammeln. Sie nutzen es als Nistmaterial und können nie genug davon bekommen. Verteilen Sie einfach mal eine auseinandergepflückte und zerknüllte Tageszeitung oder lange Streifen Toilettenpapier im Auslauf oder im Gehege. Ihre Ratten werden diese mit Sicherheit gewissenhaft „aufräumen".

NICHT ZU VIEL!

Ratten brauchen Anregung, dürfen dabei aber nicht überfordert werden. Wenn die Ratten kein Interesse mehr am Spiel haben, dürfen sie nicht dazu gezwungen werden. Sie müssen jederzeit die Möglichkeit haben, den Spielplatz zu verlassen und ihr Gehege oder zumindest einen sicheren Unterschlupf aufzusuchen, um sich auszuruhen!

▾ **Tief und fest** schlafen die Fellnasen nach einem aufregenden Tag in ihrem Spieleparadies.

Denkübungen

Ratten sind nicht nur verspielte und soziale Tiere, sie sind für Nager auch überdurchschnittlich gewitzt und intelligent.

Dabei gibt es – wie bei uns Menschen – absolut hochbegabte und auch eher einfältige Wesen. Hat die eine Ratte keinerlei Probleme damit, eine Keksdose zu öffnen, erkennt die nächste nicht einmal, dass so eine Dose interessant sein könnte. Auch wenn also nicht alle Ratten gleich gut oder schnell lernen, sollten immer alle an den Denkübungen teilnehmen dürfen. Jedes Tierchen freut sich, wenn es seinen Fähigkeiten entsprechend gefördert wird.

Intelligente Ratten

In der Hirnforschung wurde nachgewiesen, dass sich die Vernetzung der Nervenzellen im Gehirn von Ratten verdichtet und ausbaut, wenn sie in einer interessanten und abwechslungsreichen **Umgebung** groß werden. In der Verhaltensforschung zeigen Ratten erstaunliche Fähigkeiten. Sie können mehrere Aktionen hintereinander ausführen, um an ein Ziel zu kommen und müssen dazu vorausschauend han-

◀ *Der Deckel muss runter! Das lernen die cleveren Farbratten schnell.*

deln. Sie sind lernfähig: Klappt eine Problemlösung, wird sie wiederholt und andere Ratten schauen es sich ab. Die Nager erstellen bei der Erkundung ihrer Umgebung regelrecht Landkarten im Gehirn und können sich so in einem bekannten Terrain auch unabhängig von Geruchsmarkierungen gut zurechtfinden. Ratten haben in unzähligen Versuchen gezeigt, dass sie lernen wollen und lernen können – und das sollten sie auch dürfen.

Clickertraining mit Ratten?

Beim Clicker handelt es sich um ein kleines Gerät, das ein Klick-Geräusch erzeugt, wenn es gedrückt wird. Als Einstieg bekommt das Tier ein Leckerchen „einfach nur so", wenn geklickt wird. So lernt die Ratte, den Ton als etwas Positives zu bewerten. Später wird der Clicker betätigt, wenn die Ratte ein erwünschtes Verhalten gezeigt hat: Klick und Leckerchen sind die **Bestätigung**. Ich bin kein Freund des Clickerns, denn die Ratten sind auf ein Gerät und nicht auf den Mensch fixiert. Ich konzentriere die Ratten lieber auf mich und meine Stimme. Kurze knappe Signale (Schnalzen, Kopfnicken, kurze Worte) bleiben dem Tier ebenso im Gedächtnis wie ein Klick.

Ratten beobachten

Um herauszufinden, wie einzelne Ratten besser gefördert werden können und um Zugang zu den Tieren zu bekommen, müssen Sie sich erst einmal viel Zeit nehmen. Beobachten Sie Ihre Tiere beim Spielen und bei der Interaktion miteinander. Setzen Sie sich zu ihnen und lernen Sie ihre Vorlieben und Abneigungen kennen. Versuchen Sie, herauszufinden, welche Ratte welches Futter besonders mag, auf welche Leckerchen die einzelne Ratte reagiert und wie groß ihr Interesse daran ist, dieses Futter zu bekommen. Dieses Wissen können Sie dann gezielt bei den Intelligenzspielen einsetzen.

Wer mag wen?

Im Team macht Lernen viel mehr Spaß. Doch der Teampartner muss passen. Wenn Sie wissen, welchen Rang jede Ratte hat, können Sie bewusst Tiere zusammen lernen lassen, die sich gut verstehen. Versuchen Sie hingegen, gleichzeitig Tiere zu trainieren, die im Rang weit voneinander entfernt sind, kann das leicht damit enden, dass diese Ratten sich eher aufeinander konzentrieren, also stark abgelenkt sind. Dadurch sind Ihre Versuche, Ihre Ratten zum Spielen oder Lernen zu animieren, zum Scheitern verurteilt.

Versuchen Sie daher herauszufinden, welche Ratten im Rudel sich nahestehen. Beispielsweise liegen diese immer nah beieinander, streiten nicht so heftig um das Futter und putzen sich häufiger gegenseitig. Mögen die Ratten sich hingegen nicht so sehr, wird der unliebsame Artgenosse mit den Füßen betrommelt und weggejagt, sobald er zu nahe kommt.

Versuchen Sie dann die Rangordnung der Tiere untereinander zu ergründen. Nicht immer verläuft diese Rangordnung linear. Manche Ratten haben einen fast gleichen Rang, andere scheinen kaum in das System eingebunden zu sein, manche alten Tiere kümmern sich nicht mehr so sehr um Ränge, junge Tiere finden es sehr wichtig, ihre Position zu verbessern – wenn es sein muss auch durch Kämpfe.

Den Rang der Tiere zu kennen, hilft auch dabei, Krankheiten schnell zu bemerken und soziale Probleme in der Gruppe zu begreifen. Wenn eine Ratte innerhalb kurzer Zeit in der Rangfolge absteigt, könnte der Grund eine Erkrankung sein. Steht eine Ratte häufig abseits, wird sie nur unterworfen und darf sie nicht mitkuscheln, passt sie nicht in die Gruppe.

▼ **„Was hast du denn da?** *Lass doch mal sehen."*

Männchenmachen

Rattentanz

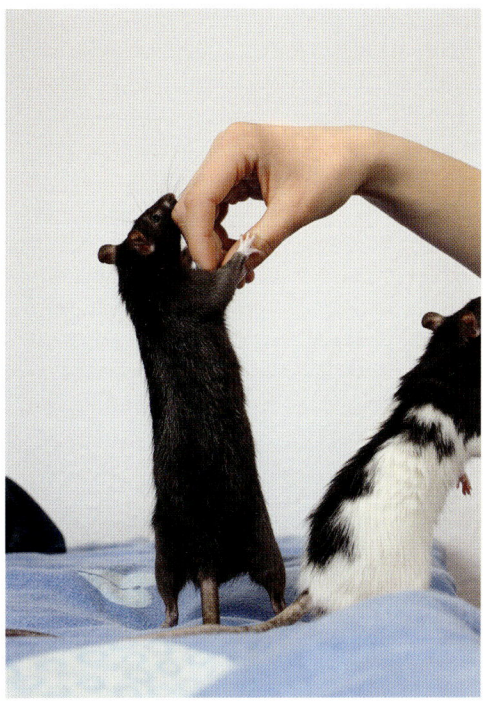

Die erste Übung, die clevere Nager schnell lernen, ist das Männchenmachen. Bei manchen Tieren ist es nötig, ein Leckerchen über den Kopf zu halten, damit sie sich aufrichten. Andere Ratten sind so neugierig, dass sie ohnehin schauen müssen, warum die Hand da oben ist. Damit die Hand interessant bleibt, sind Leckerchen allerdings bei fast allen Ratten sinnvoll. Geben Sie die Nuss oder den Kern beim ersten Mal sofort heraus, in Folge aber erst etwas später, damit die Ratte sich etwas anstrengt, um an das begehrte Leckerchen zu kommen. Loben Sie das Tierchen, wenn es Männchen macht, und fordern Sie es dann dazu auf, Ihrer Hand zu folgen. Locken Sie die Ratte über kleine Hindernisse, durch Röhren und durch Labyrinthe und loben Sie sie, wenn sie einen Hindernisparcours erfolgreich gemeistert hat. Dann bekommt sie auch das Leckerchen.

Bringen Sie Ihren Ratten das Tanzen bei. Mit einem über den Kopf gehaltenen Leckerchen lernt jeder Ihrer kleinen Freunde schnell, sich hin und her zu wiegen. Im nächsten Schritt versuchen Sie das Tierchen dazu zu bringen, einfache Drehungen im Kreis oder um die Hand herum auszuführen. Danach lotsen Sie die Ratte zwischen Ihren Armen und Beinen hindurch. Manche besonders kluge Ratten lernen auf diese Weise sogar regelrechte Choreografien und das sieht dann aus, als ob sie tanzen würden. Wenn Sie beim Üben immer die gleiche Melodie summen, lernen besonders kluge Tiere sogar, mit dem Tanzen anzufangen, sobald Sie summen. Aber achten Sie bitte immer darauf, dass die Tiere alles freiwillig machen und jederzeit andere Beschäftigungsmöglichkeiten haben.

Das Labyrinth

Um Ratten zu fördern, haben sich Labyrinthe bewährt. Bauen Sie ein Kartonlabyrinth (siehe Seite 51) und legen Sie ein Leckerchen an eine bestimmte Stelle. Anfangs werden die Ratten das Labyrinth komplett erkunden. Aber schon am nächsten Tag werden die ganz gewitzten Racker zuerst an der Stelle schauen, an der am Vortag das Leckerchen lag, andere Ratten brauchen dazu mehrere Tage. Sobald die Tiere gelernt haben, wo die Belohnung liegt, bauen Sie das Labyrinth um, legen das Leckerchen aber an die gleiche Stelle. Nun werden einige Ratten das Leckerchen trotzdem sofort finden, andere sind eher verzweifelt und fangen ganz von vorne an. Um besonders clevere Tiere zu fordern, wechseln Sie die Position in einem bestimmten Rhythmus: Legen Sie dazu das Leckerchen an zwei aufeinanderfolgenden Tagen an verschiedene Stellen und an den nächsten Tagen dann wieder an dieselben Stellen. Manche Ratten lernen dann, passend zum Tag an der jeweiligen Stelle nachzuschauen – bei meinen klappte das mit bis zu drei verschiedenen Stellen an drei Tagen.

KATZENSPIELZEUG

Der Fachhandel bietet Intelligenzspielzeug für Katzen an – einige dieser Spielsachen sind auch für Ratten geeignet. Eine echte Alternative für Bastelmuffel.

Das Fummelbrett

Das Fummelbrett (siehe Seite 51) muss von vielen Ratten erst einmal langsam erlernt werden. Zu Anfang ist es hilfreich, wenn die Deckel nicht ganz aufliegen und die Ratten die Leckerchen sehen können. Dann lernen sie schnell, die Deckel beiseitezuschieben. Haben die Ratten verstanden, dass es unter den Deckeln Leckerchen gibt, geben Sie das begehrte Futter nur noch in ein Loch und lassen Sie die anderen leer. Bald haben alle Ratten gelernt, dass nur dieses eine Loch interessant ist. Wechseln Sie dann täglich das Loch, aber immer in einer festgelegten Reihenfolge, und beobachten Sie, welche Ratte das Spiel durchschaut und gleich das richtige Loch wählt.

Hütchenspiel

Statt des Fummelbrettes können Sie für dieses Spiel auch kleine Näpfe verwenden. Basteln Sie dafür gleiche und später verschiedene Deckelchen aus Pappe. Geben Sie immer nur in einen Napf etwas Futter – bald werden die Ratten nur noch diesen Napf öffnen. Nun verwenden Sie verschieden geformte Deckelchen und legen das Futter immer nur unter einen bestimmten Deckel. Bald lernen die Ratten auch, dass das Futter nicht in einem bestimmten Napf, sondern unter einem bestimmten Deckel liegt.

▼ **Beim Fummelbrett** muss ein Deckel zur Seite geschoben werden. Für die klugen Fellträger kein Problem!

▲ **Neugierig, clever, verspielt** – Farbratten sind einfach tolle Haustiere!

Service

Buch- und Linktipps rund um die vorwitzigen Nager

Zum Weiterlesen

- Busch, Marlies: *Pflanzen für Heimtiere – gut oder giftig?* Verlag Eugen Ulmer, 2009
- Kremer, Bruno P.: *Steinbachs großer Pflanzen-führer.* Verlag Eugen Ulmer, 2011
- Rauth-Widmann, Brigitte: *Meine Ratten.* Franckh-Kosmos Verlag, 2000
- *Rodentia. Kleinsäuger-Fachmagazin.* Natur und Tier-Verlag

Klicks im WWW

- **www.nager-info.de**
  Umfangreiche Ratten-Info
- **www.rattenwelt.de**
  Älteste Rattenseite im Netz
- **www.rattenparadies.com**
  Infos zu Haltung, Gesundheit und mehr
- **www.rat-nose.de**
  Infos, Bastel- und Spieletipps, Forum
- **www.vdrd.de**
  Verein der Rattenliebhaber und -halter in Deutschland e.V., Notfallvermittlung
- **www.giftpflanzen.ch**
  Giftpflanzeninfo
- **www.tierschutzvereine.de**
  Tierschutzvereine und Tierheime
- **www.tierschutz-tvt.de**
  Tierärztliche Vereinigung für Tierschutz e. V. (TVT)
- **www.bag-kleinsaeuger.de**
  Bundesarbeitsgruppe Kleinsäuger e. V.

Die Autorin

Christine Wilde ist Expertin der Nager- und Kaninchenhaltung und hat im Jahr 2000 die Webseite *Nager-Info* (*www.nager-info.de*) ins Leben gerufen – mit dem Ziel, das Verständnis für Kleinsäuger und deren Haltung zu verbessern.

Dank

Ich bedanke mich bei den Mitgliedern des Ratten- und Mäusereich Portals und des Rattenforums für ihre Bilder, ihre Anregungen zum Buch und ihre vielen Ideen zur Rattenhaltung. Mein besonderer Dank gilt meiner Fotografin und Lektorin Heike Schmidt-Röger, deren bezaubernde Rattenbilder meinen Worten Leben einhauchen. Rotraud Hellhake danke ich für das Korrekturlesen. In Erinnerung an die vielen rattigen Fellnasen, die mich auf meinem Lebensweg begleitet haben.

Autorin, Verlag und Fotografin danken den Firmen *Trixie* und *Getzoo* für die zur Verfügung gestellten Einrichtungs- und Spielsachen sowie allen Rattenhaltern, die ihre Tiere als Models zur Verfügung gestellt haben. Viele dieser Ratten sind ehemalige Notfalltiere.

Register

Bildquellen

Alle Fotos bis auf die folgenden stammen von Heike Schmidt-Röger (*www.schmidt-roeger-foto.com*).
Alexandra Großhans: S. 36
Stefanie Linke: S. 18
Siri Wolff: S. 19
Titelbild: Heike Schmidt-Röger

Wir danken der Firma *Trixie Heimtierbedarf GmbH & Co. KG* für die Zusendung von Artikeln,
welche wir für die Fotos auf den Seiten 7, 8, 9, 11, 14, 16, 29, 31, 34/35, 35, 40, 60, 70, 74 und 77
verwendet haben.

Hinweis

Die in diesem Buch enthaltenen Empfehlungen und Angaben sind von der Autorin mit größter
Sorgfalt zusammengestellt und geprüft worden. Eine Garantie für die Richtigkeit der Angaben kann
jedoch nicht gegeben werden. Autorin und Verlag übernehmen keinerlei Haftung für Schäden und
Unfälle. Der Leser sollte bei der Anwendung der in diesem Buch enthaltenen Empfehlungen sein
persönliches Urteilsvermögen einsetzen.

Der Verlag Eugen Ulmer ist nicht verantwortlich für die Inhalte der im Buch genannten Websites.

Bibliografische Information der Deutschen Nationalbibliothek

Die Deutsche Nationalbibliothek verzeichnet diese Publikation in der Deutschen Nationalbibliogra-
fie; detaillierte bibliografische Daten sind im Internet über http://dnb.d-nb.de abrufbar.

© 2012 Eugen Ulmer KG
Wollgrasweg 41
70599 Stuttgart (Hohenheim)
E-Mail: info@ulmer.de
Internet: www.ulmer.de

Lektorat: Heike Schmidt-Röger, Kathrin Gutmann
Herstellung: Ulla Stammel
Umschlagentwurf, Innenlayout und dtp: Sojus Design / Kai Twelbeck, Stuttgart
Druck und Bindung: Westermann Druck, Zwickau
Printed in Germany

ISBN 978-3-8001-7533-8